Enagnon Brice Sohou

**Péjoration climatique au Bénin et dégradation du couvert végétal**

Enagnon Brice Sohou

# Péjoration climatique au Bénin et dégradation du couvert végétal

## Conséquence de la péjoration climatique : Sahélisation forestière et fragmentation du couvert végétal

Presses Académiques Francophones

Publisher:
Presses Académiques Francophones
is a trademark of
International Book Market Service Ltd., member of OmniScriptum Publishing Group
17 Meldrum Street, Beau Bassin 71504, Mauritius

Printed at: see last page
**ISBN: 978-3-8416-3724-6**

Zugl. / Agréé par: Abomey Calavi, Université d'Abomey Calavi, 2015-2016

# DÉDICACE

- À mon Père Pascal SOHOU, ma Mère Christine TOHO, mes frères et sœurs
- À mon oncle, le Colonel Gaston AKOUEHOU
- À mon fils Wilson Cabeb SOHOU

# SOMMAIRE

# LISTE DES ABRÉVIATIONS ET SIGLES

**LISTE DES ABRÉVIATIONS ET SIGLES**

| | |
|---|---|
| ACP | : Analyse en Composante Principale |
| AI | : Aggregation Index |
| ATCOR2 | : Atmospheric Correction 2 |
| CA | : Courant d'Angola |
| CCB | : Courant Côtier de Benguela |
| CCSE | : Contre-Courant Sud Equatorial |
| CENATEL | : Centre National de Télédétection et de surveillance du couvert forestier |
| CG | : Courant de Guinée |
| Ch | : Chaméphytes |
| CIFRED | : Centre Inter Facultaire de Formation et de Recherche en Environnement et Développement durable |
| COB | : Courant Océanique du Benguela |
| COMITAS | : Commission Ministérielle de la technologie de la Télédétection Aérospatiale |
| CSE | : Courant Sud- équatorial |
| DEM | : Digital Elevation Model |
| ETM | : Enhanced Thematic Mapper |
| FAO | : Organisation des Nations unies pour l'alimentation et l'agriculture |
| FC | : Forêts Classées |
| Fclaire | : Forêt claire |
| Fdense | : Forêt dense |
| FLAASH | : Fast Line-of-sight Atmospheric Analysis of Spectral Hypercubes |
| FPAR | : Fraction of Photosythetically Active Radiation |
| G | : Géophytes |
| GES | : Gaz à Effet de Serre |
| GPS | : Global Positioning System |
| Hc | : Hémicrytophytes |
| IB | : Indice de brillance |
| IR | : Indice de Rougeur |
| ITCZ | : Inter Tropicale Convergence Zone |

LCD       : Lutte Contre la Désertification

LCD       : Lutte Contre la Désertification

MNT      : Modèle Numérique de Terrain

Mozcuja    : Mosaïques de cultures et jachères

NDVI      : Normalized Difference Vegetation Index

PAR       : Rayonnement photo-synthétiquement actif

PCL       : Printer Control Language

Ph         : Phanérophytes

PIR        : Proche infrarouge

ppm      : partie par million (mg/l)

R          : Rouge.

RadSol     : Radiation solaire au sol (W.h/jour)

RDVI      : Renormalized Difference Vegetation Index

Sarboréeetarbustive : Savane arborée et arbustive

SCE        : Sub-Courant Equatorial

Sherbeuse      : Savane herbeuse

SI          : Système International

SIG        : Système d'Information Géographique

SRTM      : Shuttle Radar Topography Mission

SSTA       : Sea Surface Temperature Anomalies

Temp       : Température (°C)

Th         : Thérophytes

UAC       : Université d'Abomey-Calavi

UTM       : Universal Transverse Mercator

WGS      : World Geodetic System

## AVANT PROPOS

Le présent travail constitue une application de la télédétection, des modèles numériques de terrain et de l'analyse factorielle pour le diagnostic et le suivi de l'état de la forêt classée d'Agoua. Il s'agit en effet des résultats d'une série d'expérimentation et d'analyse après une autoformation d'un an. Il a valu le **Prix du meilleur poster scientifique 2014**, organisé par l'Institut de Recherche pour le Développement.

L'atteinte des objectifs du travail n'a pu être possible sans l'appui scientifique et technique de certains enseignants, dont les Professeurs Constant HOUNDENOU, Michel BOKO et le Docteur Ernest AMOUSSOU.

Chaleureux merci à tous ceux qui d'une manière ou d'une autre ont contribué à la réalisation de cette thèse.

## Résumé

L'Afrique subsaharienne et particulièrement le Bénin est marquée depuis les années 70 par une forte péjoration climatique amplifiant ainsi l'intensité de l'aridité, la contraction saisonnière et la sécheresse. La couverture végétale subit un stress hydrique et un assèchement prononcé, voire généralisé. Il s'ensuit une sahélisation forestière et un biochangement climatique. Les régions du Bénin situées entre la latitude de Dassa et Glazoué (dont la forêt d'Agoua) sont les plus exposées aux péjorations pluviométriques dans le centre Bénin. Pour mieux révéler ce phénomène à l'échelle de la forêt d'Agoua est née l'idée de la présente étude. Plusieurs investigations de terrains ont été mises en œuvre et ont permis d'élucider la situation. Le traitement d'images satellitaires, le calcul et la spatialisation d'indices climatiques, et la réalisation d'enquête phytosociologique ont constitué les étapes clés du diagnostic. Le bilan climatique est majoritairement déficitaire avec un déficit climatique observé en pleine saison pluvieuse à l'échelle nationale (le cas du mois d'avril). Il en est de même pour le mois de mai dans les zones soudaniennes (dont la forêt d'Agoua). La fragmentation des agrégats du couvert végétal est prononcée. Le cortège floristique est obtenu à partir de 80 relevés phytosociologiques et est constitué de 49 espèces toutes ligneuses réparties en 47 genres et 19 familles. Les combrétacées (espèces sahéliennes) constituent la famille qui domine. *Anogeissus leiocarpa* (famille des combrétacées) est l'espèce dominante. La surface terrière est élevée (11926,47 ± 7448,26 m²/ha), ce qui signifie une forte représentativité des individus de grandes circonférences. L'équitabilité de Pielou est de 0,46. Il y a donc une répartition inéquitable des individus au sein des espèces. La distribution de Weibull issue de la structure en circonférence des arbres est de l'ordre de 19,69. Ceci est caractéristique des peuplements monospécifiques à prédominance d'individus âgés.

# Abstract

Sub-Saharan Africa and Benin particulary are marked since 1970 by a strong climatic pejoration which amplifly aridity intensity, seasonal contraction, and drought. Vegetable cover undergoes ahydrous stress and a pronounced draining, even generalized. It follows a forest sahelisation and bio climate change. Areas of Benin located between Dassa and Glazoué latitude (Agoua forest) are exposed to pluviometric pejorations in Benin center. For better revealing this phenomenon in Agoua forest level were born the idea of this study. Several investigations of grounds were put to elucidate the situation. Satellite image treatment, calculation and spatialization of climatic index, and the phytosociological investigation constituted the diagnosis keys. The climatic assessment is mainly overdrawn with aclimatic deficit observed in rainy high season with the national scale (the case of April). It is the same for May in sudan zones (Agoua forest). The fragmentation of vegetable cover aggregates is marked. The floristic procession is obtained by 80 phytosociological statements and consists of 49 woody species all divided into 47 kinds and 19 families. Combretaceae (Sahelian species) constitute the dominate family. *Anogeissus leiocarpa* (family of combretaceae) is the dominant species. Basal area is high ($11926.47 \pm 7448.26$ m $^2$ /ha), which means a strong representativeness of large circumferences individuals. Pielou equitability is 0.46. There is an inequitable distribution of the individuals within the speces. Weibull distribution resulting from the structure in circumference of the trees is about 19.69. This is characteristic of monospecific settlements with prevalence of old individuals.

**Introduction**

En zone intertropicale, les fluctuations de l'ITCZ (zone de convergence intertropicale) contrôlent le régime des précipitations (Chao et Chen, 2001) induisant des changements dans l'organisation latitudinale et altitudinale des végétaux (White, 1983). Les reconstitutions des mouvements passés de l'ITCZ sont renseignées par les archives sédimentaires (Flores *et al.*, 2000 ; Durham *et al.*, 2001 ; Zabel *et al.*, 2001 ; Holvoeth *et al.*, 2005), notamment les enregistrements polliniques (Maley et Brenac, 1987; Médus *et al.*, 1988 ; Bengo et Maley, 1991; Vincens *et al.*, 1991 ; Elenga *et al.*, 1991, 1994 ; Lézine et Vergnaud, 1993 ; Ssemanda et Vincens, 1993 ; Frédoux, 1994 ; Jahns, 1996 ; Maley, 1996 ; Jahns *et al.*, 1998 ; Dupont *et al.*, 1998, 2000 ; Marret *et al.*, 1999 ; Salzmann, 2000 ; Lézine *et al.*, 2005), provenant de part et d'autre de l'Équateur.

La zone intertropicale de l'Afrique de l'Ouest représente une zone-clé, disposant d'un ensemble complet de zones de végétation réparties de façon symétrique des deux côtés du 0° de latitude (White, 1983). Le bassin versant du Zaïre/Congo (9°N- 13°S) recoupe une large gamme de ces environnements. Les changements climatiques intervenus dans le temps ont directement influencé les écosystèmes végétaux d'Afrique (Dupont *et al.*, 2000). La flore pollinique s'impose comme le témoignage le plus fiable pour reconstituer l'histoire de la végétation (Heinrich, 1988).

Une brusque augmentation de l'albédo devrait accélérer la subsidence, c'est-à-dire la retombée de l'air chaud et sec et, par conséquent, réduire les pluies encore davantage (Charney *et al.*, 1975). Les travaux de Boko (1988), Afouda (1990) et Houndénou (1999) ont montré que la baisse de la précipitation associée au réchauffement thermique a induit une dégradation des ressources en eau et s'est soldée par des impacts négatifs sur l'agriculture.

Ainsi, l'évolution climatique et les états de surface ont sans doute une influence très importante sur la disponibilité des ressources en eau (Mahé et Olivry, 1995 ; Bricquet *et al.*, 1997 ; Ouédraogo, 2001 ; Afouda *et al.*, 2007 ; Vissin, 2007). Quant au secteur forestier, il contribue à 17,4 % de tous les gaz à effet de serres issues de sources d'origine humaine ; ce pourcentage étant, dans une très large mesure, imputable à la déforestation et à la dégradation des forêts (GIEC, 2007).

La recrudescence des phénomènes extrêmes comme les sécheresses et les inondations, la hausse des températures, la variabilité de la pluviométrie et des caractéristiques des saisons agricoles caractérisent le changement climatique que connaissent les pays de l'Afrique de l'Ouest. Au Bénin, le diagnostic des effets du changement climatique révèle que les zones agro-écologiques du centre et du nord du pays sont les plus vulnérables aux risques climatiques que

1

sont : la sècheresse, les pluies tardives et violentes et les inondations (RNI, 2008. Aussi depuis la fin des années 70, les épisodes de sécheresses observées dans divers pays du monde notamment en Afrique subsaharienne et qui n'ont guère épargné le Bénin, témoignent de l'importance de la désertification dans le pays.

Dans le cadre de la lutte contre la désertification (LCD), la télédétection facilite le suivi et la surveillance à long terme des zones à risques, la définition des facteurs de désertification, l'aide à la prise de mesures adéquates de gestion environnementale par les décideurs et l'évaluation de l'impact de ces mesures (Begni *et al.*, 2007).

Il existe diverses méthodes permettant d'étudier les changements saisonniers de végétation à travers des images satellites, l'une d'entre elles consiste à appliquer des indices de végétation associés à l'intensité de vert (Chuvieco, 1998). Le NDVI (Normalized Difference Vegetation Index) est une mesure du bilan entre l'énergie reçue et l'énergie émise par les objets sur la Terre (Chuvieco, 1998). Lorsqu'il est appliqué à des communautés végétales, le NDVI mesure l'activité chlorophyllienne et indiquant ainsi l'état de santé de la végétation ou sa vigueur de croissance.

La présente étude constitue une application des imageries satellitaires, des analyses factorielles, et du diagnostic climatique à l'analyse de la dégradation spatio-temporelle du couvert végétal dans la forêt classée d'Agoua.

# PREMIÈRE PARTIE

## Chapitre I : Cadre théorique de l'étude

### 1-1 Problématique

La réalité d'un réchauffement planétaire global dû à l'augmentation des gaz à effet de serre (GES), et notamment du $CO_2$ atmosphérique, fait l'objet d'un consensus affirmé (GIEC, 2007). La concentration de $CO_2$ dans l'atmosphère est passée de 280 ppm à 367 ppm de 1750 à 1999 (GIEC, 2007). Pendant la même période, s'est observée une élévation continue de la température moyenne du globe de l'ordre d'environ 0,5 °C par siècle (GIEC, 2007).

L'Afrique, et particulièrement l'Afrique subsaharienne, apparaît comme la région du monde la plus exposée aux changements climatiques (FAO, 2006). Les trente dernières années ont vu se succéder en Afrique tropicale différentes crises climatiques : sécheresses récurrentes de l'Afrique Orientale à l'Afrique de l'Ouest notamment en 1983-1984 (Camberlin et al., 2000). Sur tout le golfe de Guinée, la période de septembre-octobre-novembre connaît une diminution de 0,4 mm/jour des hauteurs pluviométriques (GIEC, 2007) et Nicholson (1989) estime que la baisse des hauteurs pluviométriques en Afrique de l'Ouest est comprise entre 10 et 25 % en comparaison à celle enregistrée au début du XX [ème] siècle.

Cette péjoration pluviométrique ne se traduit pas que par une diminution du cumul précipité, mais aussi et surtout pour les agriculteurs, par une contraction de la saison des pluies (Diop et al., 1996), et par une moindre fréquence des pluies journalières intenses (>40 mm), comme il a été montré pour le Burkina-Faso (Carbonnel et Hubert, 1992) et le Nord-Bénin (Houndénou et Hernandez, 1998). Une semblable dégradation a été reconnue récemment sur les régions plus méridionales de l'Afrique de l'Ouest, y compris le littoral du golfe de Guinée (Moron, 1994 ; Paturel et al., 1998), sans que la succession d'années très sèches soit aussi marquée. Dans ces régions de la Basse Côte, où l'on a souvent deux saisons des pluies (maxima de juin et octobre), c'est la "Grande Saison Sèche" d'hiver boréal et ces deux saisons pluvieuses qui sont concernées, tandis que la rémission intercalaire (Petite Saison Sèche) ne présente pas de tendance (Janicot et Fontaine, 1997).

Les états de surface continentale, via la végétation et l'humidité du sol, qui influencent le contenu en vapeur d'eau atmosphérique et les bilans d'énergie, ont un rôle actif dans des régions où la disposition climatique est simple, comme l'Afrique de l'Ouest (Camberlin et al., 2000). En Afrique subsaharienne, trois grandes régions se distinguent par la nature de leurs variations pluviométriques (Camberlin *et al.*, 2000). Parmi elles, l'Afrique de l'Ouest (tant la zone soudano-sahélienne que la zone guinéenne) présente depuis le début des années 1970 une récurrence d'années sèches, à mettre en relation avec les modifications lentes des températures de surface océanique (TSO) à l'échelle globale (Camberlin *et al.*, 2000). Les précipitations de la zone guinéenne ne sont corrélées significativement avec celles du Sahel que du point de vue des tendances pluriannuelles (Moron, 1994). Or les propriétés de la surface continentale elles aussi varient d'une année sur l'autre, via notamment l'humidité du sol ou l'état de la végétation (Zheng et Eltahir, 1998).

Plusieurs expériences ou travaux diagnostiques récents montrent leur rôle significatif sur la variabilité interannuelle des pluies ouest-africaines (Zheng et Eltahir, 1998 ; Philippon et Fontaine, 2002). Plus généralement, le gradient méridien d'énergie statique humide (ESH), qui intègre l'énergie potentielle (gz), l'énergie thermique (enthalpie) et l'énergie latente (fonction de l'humidité spécifique) contrôle la dynamique de la mousson (Fontaine et Philippon, 2000). L'évolution de la pluviométrie de l'Afrique subsaharienne au cours des 50 dernières années a été contrastée. En Afrique de l'Ouest, la diminution durable des précipitations à partir de la fin des années 1960 semble témoigner une transition climatique (Camberlin et *al.*, 2000). Ainsi, les climats ouest africains et notamment béninois sont sujets à de fortes variabilités ou à des changements selon les échelles de temps et d'analyse dont les conséquences restent néfastes pour le développement durable (PANA-Bénin ; 2007).

Les secteurs les plus affectés par le changement climatique sont ceux des ressources en eau, de l'énergie, des zones côtières, de la santé, de l'agriculture et de la foresterie. L'impact de ces changements sur la végétation est largement étudié par la communauté scientifique (Hughes, 2000 ; Bréda *et al.*, 2006 ; Parmesan, 2006 ; Lebourgeois *et al.*, 2009 ; Poccard, 1996) et la dégradation des forêts est devenue un problème préoccupant, en particulier dans les pays en développement (Meneses-Tovar, 2011).

La gestion des impacts du changement climatique devient un enjeu majeur alors que de nombreuses études ont déjà mis en évidence une évolution notable du climat au cours des dernières décennies (Piedallu *et al.*, 2009). L'impact du changement climatique s'avère potentiellement très important au regard des conditions actuellement favorables à la présence de ces espèces; les variables édaphiques jouant le rôle de filtre local au sein de l'enveloppe climatique globale (Piedallu et *al.*, 2009).

En 2000, on estimait que la superficie totale des forêts dégradées, réparties sur 77 pays, s'élevait à 800 millions d'hectares. Sur ces derniers, 500 millions d'hectares étaient passés d'une végétation primaire à une végétation secondaire (OIBT, 2002). Les forêts classées ont connu une régression très significative à partir des années 1950 (Sinsin et Heymans, 1988, cité par Djodjouwin, 2001). En effet, la quasi-totalité de la superficie classée de la savane boisée dans le Nord-Bénin a pratiquement disparu et, dans le même temps, celle de la savane arborée a diminué de 80 % environ (Sinsin et Heymans, 1988, cité par Djodjouwin, 2001).

Au vu de ces études, on peut s'interroger des conséquences du réchauffement climatique à moyen et long terme sur le paysage forestier. L'inquiétude de la communauté forestière est confortée par l'augmentation observée des symptômes de dépérissement ces dernières années (Meignen et Micas, 2008 ; Allen, 2009 ; Van et al., 2009).

Les observations faites dans le monde en général et au Bénin en particulier montrent une tendance au réchauffement global, de fortes fluctuations, une baisse des précipitations et une plus grande fréquence des phénomènes extrêmes depuis les années 70 du vingtième siècle (IPCC, 2001 ; Ardoin, 2004 ; Ogouwalé, 2006 ; Vissin, 2007 ; Amoussou, 2010 ; Totin, 2010). À une échelle spatiale plus fine, Houndénou (1998) a mis en évidence une diminution tendancielle du nombre de jours de pluie significative depuis les années 1970 dans le Nord-ouest du Bénin.Les **Combretaceae** et les **Mimosaceae** sont indicatrices d'un climat généralement sec et représentent 39,39 % des individus observés (Aubreville, 1950 cité par Mbayngone et al., 2008). De même, « la forte proportion des espèces à large distribution est un indice de perturbation et indique que la flore perd de sa spécificité » (Sinsin, 1993).

Aussi au Bénin, les facteurs anthropiques  participent à la dégradation des Forêts. Soumis à la pression des populations à la recherche de bois de feu, de bois d'oeuvre, de bois de service, de produits alimentaires de cueillette ou de terre pour les activités agricoles, le patrimoine forestier se réduit à un rythme effréné (PANA-Bénin ; 2007). Selon le Rapport d'étude portant sur le thème : La déforestation au Bénin : Enjeux et perspectives, la partie méridionale du pays est la plus exploitée en raison de la forte pression démographique. Toujours selon ce rapport, le centre du pays constitue une zone de transition non seulement sur le plan géographique, mais aussi sur le plan démographique et du couvert végétal. Cette zone dispose d'une dizaine de forêts classées dont la plus étendue est celle d'Agoua (63 183 ha) qui sont exploitées pour la fourniture de bois d'œuvre, de service et d'énergie. C'est la cas des communes de Djidja, de Dassa–zoumè, de Glazoué, de Savè, de Ouèssè et de Bantè où la production du charbon de bois fait des ravages depuis ces dix (10) dernières années.

Face à ces phénomènes de dégradation, des outils d'investigations spatiales deviennent alors une nécessité. Au cours de la conférence des Nations unies tenue à Stockholm en 1972, la télédétection a été suggérée comme outil de « suivi global direct ». En effet grâce à la télédétection, il est possible de comparer des images issues d'années différentes. Ces images doivent être prises à la même période de l'année, de façon à réduire au maximum l'expression de variables telles que la qualité de la lumière, la géométrie de l'observation et, dans le cas d'écosystèmes végétaux, les différences de comportement d'une communauté au cours de l'année (Singh, 1986 ; Mouat *et al.*, cité par Chuvieco, 1998).

Eu égard aux problèmes plus hauts énumérés, et à la dégradation du couvert végétal dument constatée dans la forêt classée d'Agoua, après la phase de pré-terrain, est initiée la présente étude en vue de caractériser cette dégradation sous contraintes climatiques et pressions anthropiques et d'en proposer des mesures d'adaptations adéquates pour la sauvegarde de ce patrimoine naturel.

## 1-2 Objectifs

### 1-2-1  Objectif général

L'objectif général de cette étude est de caractériser par imagerie satellitaire et analyses factorielles, la contribution relative de la péjoration climatique à la dégradation du couvert végétal dans la forêt classée d'Agoua.

### 1-3-1  Objectifs spécifiques

Les objectifs spécifiques qui en découlent sont les suivantes :

- Cartographier l'occupation du sol, l'indice normalisé différentiel de la végétation (NDVI), l'indice d'agrégation et la structure spatiale du couvert végétal, l'érosion hydrique.

- Caractériser la variabilité pluviométrique mensuelle et interannuelle (1950-2009), l'indice standardisé de précipitation (indices de Nicholson) et la sécheresse, les radiations solaires au sol, les isohyètes pluviométriques, et réaliser le test de PETTITT sur les hauteurs de pluies annuelles.

- Réaliser des relevés sociophytologiques.

**1-3 Hypothèses**

Les hypothèses de recherche fixées sont les suivantes :

- La densité chlorophyllienne sur le paysage, la structure spatiale du couvert végétal, et l'occupation du sol sont en faveur d'une disparité spatiale du couvert végétal dans la forêt classée d'Agoua.

- La variabilité pluviométrique, de la sécheresse, des radiations solaires et de la rétention en eau du sol est récurrente dans la forêt classée d'Agoua.

- Les espèces sahéliennes de la famille des combrétacées sont dominantes dans la forêt d'Agoua, confirmant ainsi une sahélisation forestière et un biochangement climatique.

**<u>Chapitre II</u> : Cadre d'étude et revue de littérature**

2-1 Cadre d'étude

Le massif forestier classé d'agoua fait parti des forets situés au centre et au Nord-Ouest de la République du Bénin. D'une superficie de 63 183 ha, il s'étend dans la commune de Bantè (Département) où il est compris entre 8°7' et 8°28' de latitude Nord et entre 1°37' et 1°58' de longitude Est. Les cartes (figures 1 et 2) qui suivent présentent la situation géographique de la forêt classée d'Agoua dans les forêts classées du Bénin.

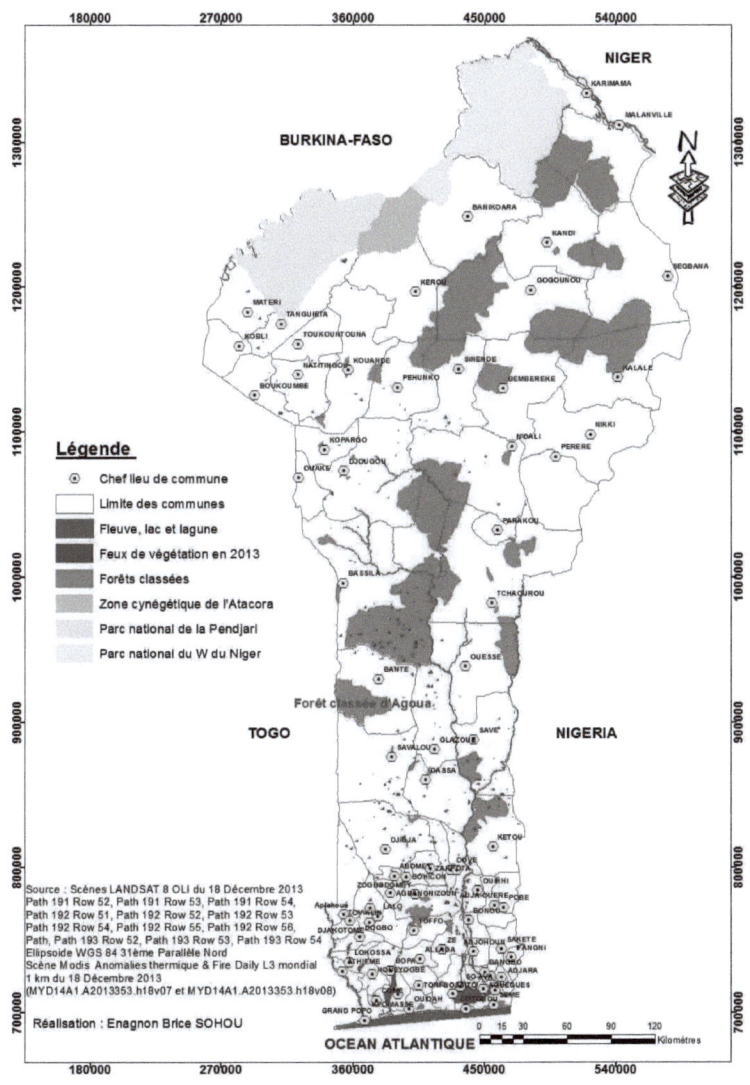

**Figure 1** : Situation de la forêt classée d'Agoua dans les forêts classées du Bénin

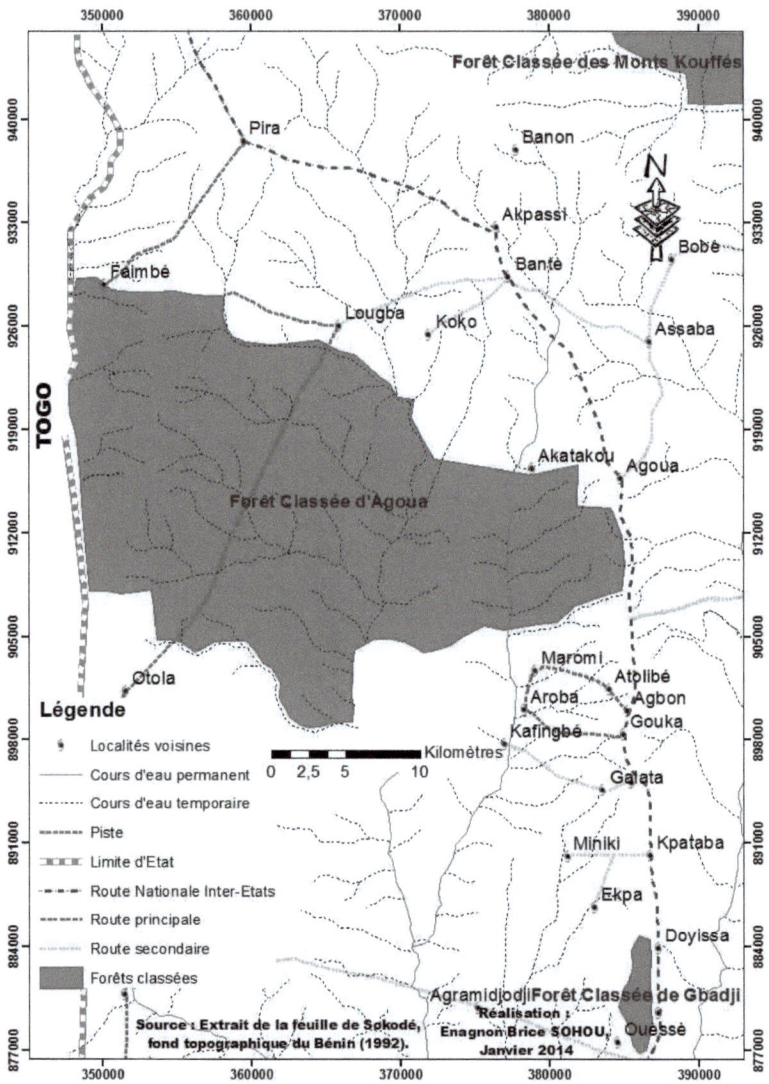

**Figure 2** : Situation géographique de la forêt classée d'Agoua au Bénin

### 2-1-1 Climat

La situation géographique de la forêt classée d'Agoua lui permet de bénéficier d'un climat soudano-guinéen de transition entre le soudanien typique du nord et le subéquatorial du sud. La température moyenne annuelle est de 26 °C. Le mois le plus chaud est mars avec une moyenne de 37 °C alors que le mois le plus froid est janvier avec le régime d'harmattan.

En période d'harmattan les paysans s'adonnent aux activités intermédiaires telles que la production du charbon du fait que les forêts et savanes sont d'accès faciles. Vers la fin du mois de mars jusqu'en octobre, souffle un vent humide venant du Sud, de direction sud-ouest / nord-est : il s'agit de la mousson. Quant à l'alizé continental, il souffle pendant plus de quatre mois, de novembre à février. Ce vent est sec et chaud et vient du nord de direction nord-est, sud-ouest. Dès décembre, il est dominé par un régime de fraîcheur. Ainsi, les premières pluies surviennent vers la fin du mois de mars grâce au passage de la mousson suivie du déplacement du front né de la rencontre de ces deux masses d'air.

La forêt classée d'Agoua bénéficie de deux saisons : l'une, sèche allant de novembre à mars au cours de laquelle les paysans se consacrent aux noix d'anacardes et apprêtent les sols aux cultures des premières pluies et l'autre, pluvieuse qui couvre la période d'avril à octobre et est consacrée aux activités agricoles : labours, semis, entretien des espaces ensemencés, production des cultures vivrières et de rente. La mousson ouest-africaine est la commande principale de cette répartition des pluies, et est à son tour dépendante de la circulation atmosphérique et océanique du Golfe de Guinée.

La figure suivante présente la circulation atmosphérique et océanique dans le Golfe de Guinée.

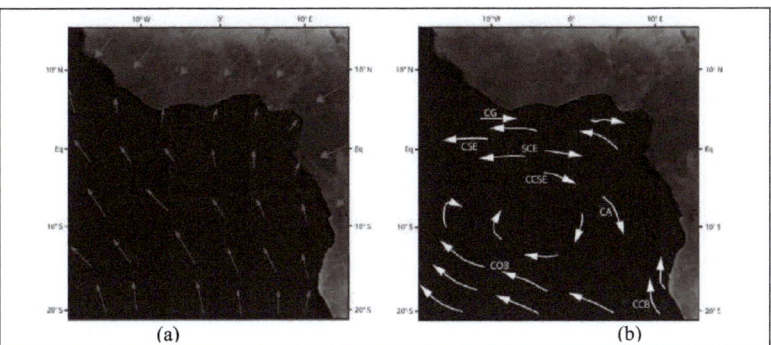

**Figure 3**: Circulations atmosphériques (a) et océaniques (b) dans le Golfe de Guinée (Dupont et *al.*, 2000).

La partie (a) de la figure 3 présente la direction des vents de surface, les flèches bleues représentent les alizés du Sud-Est devenant la mousson du Sud-Ouest dans la partie la plus interne du Golfe de Guinée, les flèches rouges représentent les alizés du Nord-Est (Leroux, 1983). Quant à la partie (b), elle matérialise les courants océaniques de surface et de subsurface de l'Atlantique équatorial et du Sud-Ouest.

CG = Courant de Guinée ; SCE = Sub-Courant Equatorial ; CSE = Courant Sud- équatorial ; CCSE = Contre-Courant Sud Equatorial ; CA= Courant d'Angola ; COB = Courant Océanique du Benguela ; CCB = Courant Côtier du Benguela (Peterson et Stramma, 1991).

### 2-1-2 Matériel pédologique

Dans la forêt d'Agoua, il existe une diversité spatiale très prononcée du matériel pédologique. Le supraèdre pédologique est essentiellement constitué de sols ferralitiques, ferrugineux tropicaux, de sols hydromorphes, et de sols minéraux bruts sur cuirasse. Les sols ferrugineux tropicaux sont les plus répandus Les sols granito gneissiques sont utilisés pour l'agriculture (igname, arachide, etc.) tandis que les sols hydromorphes sont rencontrés dans les larges cuvettes La figure suivante présente les types de sols rencontrés dans la forêt classée d'Agoua

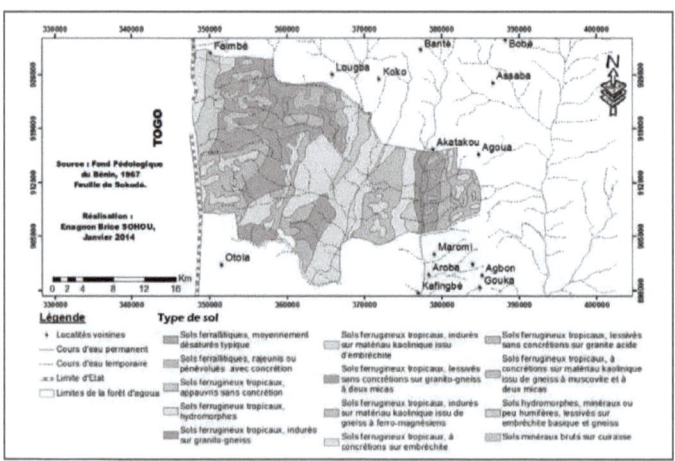

**Figure 4** :Esquisse pédologique de la forêt classée d'Agoua

11

### 2-1-3 Formations géologiques

La géologie de la forêt classée d'Agoua est composé du granite syntectoniques calco-alcalins, du gneiss à biotites et des migmatites. Les migmatites sont les plus dominantes sur le plan spatial dans la forêt classée d'Agoua et constituent à cet effet le matériel sous-jacent majoritaire qui commande la morpho-structure de la forêt classée d'Agoua.

La figure suivante présente les formations géologiques rencontrées dans la forêt classée d'Agoua.

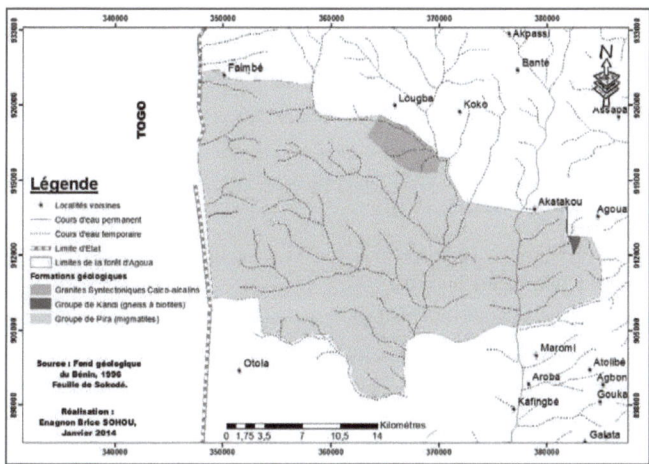

**Figure 5** : Carte géologique de la forêt classée d'Agoua

### 2-1-4 Végétation

La forêt classée d'Agoua est caractérisée par une forêt dense humide semi-décidue à **Cola gigantea** et **Erythrophleum suaveolens,** une galerie forestière à **Cola gigantea** et **Mimusops kummel,** une forêt dense sèche à **Anogeissus leiocarpus** et une savane boisée et arborée à **Pterocarpus erinaceus** et **Psychotria vogeliana** (Dansi *et al.,* 2013). La forêt classée d'Agoua abrite quelques individus de **Dioscorea praehensilis** (39 pieds/ha) dans les unités de forêt dense humide (Dansi *et al.,* 2013). Les unités de forêt dense sèche et de savane abritent des populations de **Dioscoreaabyssinica** (57 pieds/ha en moyenne), une espèce d'igname sauvage morphologiquement voisine de **Dioscoreapraehensilis** qui est aussi à l'origine du

12

complexe *Dioscorea cayenensis - Dioscorea rotundata* (Terauchi *et al.*, 1992 ; Ramser *et al.*, 1997 ; Mignouna et Dansi, 2003 ; Dumont *et al.*, 2005 ; Agbangla et al., 2007).

La pression anthropique existe, mais elle est orientée vers les populations de *Dioscorea abyssinica* pour lesquelles un taux de prélèvement de 16 % est noté (Dansi et *al.*, 2013). Dans cette forêt, les unités de forêt dense humide qui abritent *Dioscorea praehensilis* se font de plus en plus rares à cause de l'agriculture extensive et de l'exploitation de bois d'œuvre. De plus, selon Akoègninou et al. (2002) et Adomou (2005), le périmètre Bantè-Bassila est l'une des zones les plus touchées par les changements climatiques au Bénin avec passage de formations forestières aux formations savanicoles. Sur le plan génétique, la présence simultanée de *Dioscorea praehensilis* (espèce de forêt dense humide) et de *Dioscorea abyssinica* (espèce de savane) dans la forêt d'Agoua fait de celle-ci un cadre idéal pour l'étude des flux de gènes (Gepts et Papa, 2003 ; Okeno *et al.*, 2012) entre ces deux espèces d'une part et entre celles-ci et les espèces cultivées du fait de la présence dans cette forêt de quelques champs d'igname.

## 2-2 Revue de littérature

### 2-2-1 Points des documents consultés

La traduction de la version 2001 de "Landsat Band Combinaison" rédigée par James W. Quinn, a permis de synthétiser les tableaux I, II et III qui suivent.

Le tableau I ci-dessous présente la résolution exprimée en mètres et la longueur d'onde en micromètres à chaque type de bande.

**Tableau I** : Caractéristiques des bandes Landsat (longueur d'onde et résolution)

| Types de bande | Longueur d'onde (micromètre) | Résolution (mètres) |
|---|---|---|
| Bande 1 | 0.45 - 0.515 | 30 |
| Bande 2 | 0.525 - 0.605 | 30 |
| Bande 3 | 0.63 - 0.69 | 30 |
| Bande 4 | 0.75 - 0.90 | 30 |
| Bande 5 | 1.55 - 1.75 | 30 |
| Bande 6 | 10.40 - 12.5 | 60 |
| Bande 7 | 2.09 - 2.35 | 30 |

**Source** : James W. Quinn. (2001). In : Band combinaison.

Ce tableau permet de comprendre qu'avec les 7 bandes Landsat et la bande panchromatique, on peut visualiser les objets dont la réflectance émane une longueur d'onde de

13

valeur comprise entre 0,4 et 2,4 micromètre. Il s'en suit donc une révélation des objets allant du visible au moyen infrarouge (bande 7) en passant par le proche infrarouge (bande 4), l'infrarouge moyen (bande 5) et l'infrarouge thermique (bande 6).

Le tableau II identifie les bandes adaptées aux réponses spectrales de quelques objets de même que les limites des combinaisons de bandes utilisées à cet effet.

**Tableau II** : Réponse spectrale de quelques unités biogéographiques et du paysage urbain

| Unités biogéographiques et paysage urbain | Bande utilisée | Manipulation de Contraste (pour amélioration visuelle) |
|---|---|---|
| Eau | 1, 2, 3 ; 1, 2, 4 ; 1 ,4 ,5 | non |
| Urbain | 1, 2, 3 ; 1, 4, 5 | Oui bande 4 (1, 4, 5) |
| Espace agricole | 1, 2, 3 ; 1, 4, 5 | Oui bande 4 (1, 4, 5) |
| Forêt | 1, 2, 3 ; 1, 4, 5 | Oui bande 4 (1, 4, 5) |
| salinisation | 1, 2, 3 ; 1, 4, 5 | Oui bande 4 (1, 4, 5) |
| Savane, herbes | 1, 4, 5 | Oui bande 4 (1, 4, 5) |
| Jardin / Golf | 1, 2, 3 | non |

**Source** : Quinn J. W. (2001). In : Band combinaison.

On n'a pas besoin d'un rehaussement de contraste (amélioration visuelle) pour la détection de l'eau à partir des combinaisons de bandes : 1,2,3 ; 1,2,4 et 1,4,5 parce que les informations liées à l'eau y sortent clairement grâce à la bande 1. Sans aucun traitement supplémentaire, à partir de ces combinaisons, on identifie clairement les endroits où il y a présence ou absence d'eau sur l'image. Par contre le contraste de la bande 4 est nécessaire dans le cadre de l'étude du paysage urbain ou des autres unités biogéographiques à cause du fait que ici on a besoin de mieux identifier les réflectances au sol, et de différencier les sols nus du couvert végétal. La bande 4 avec ses longueurs d'onde les plus élevées, capte un mélange d'information lié à la végétation et au sol. Ainsi, le contraste visuel permet une meilleure discrimination dans ce cas d'espèce.

Le tableau III ci-après relate les combinaisons de bandes Landsat associées à quelques albédos.

**Tableau III** : Combinaison de bandes utilisées pour quelques albédos

| Albédo | Combinaison spectrale de bande |
|---|---|
| Eau | Band 1, 4 & 7 / Band 1, 2 & 3 |
| Espace urbain | Band 1,4 & 7 |
| Espace agricole | Band 1, 2 & 3 |
| Forêt | Band 1, 4 & 7 |
| salinisation | Band 1, 2 & 3 |
| Végétation en rémanence | Band 1, 4 & 7 |
| Végétation irriguée | Band 1, 4 & 7 |

**Source** : Quinn J.W. (2001) in « Band combinaison »

### 2-2-3 Définition de concepts

- **Télédétection**

La télédétection au sens large est l'ensemble des moyens permettant de saisir à distance des informations sur la surface terrestre (Léo et Dizier, 1986). Bonn et Rochon (1993) la définissent comme étant la discipline scientifique qui regroupe l'ensemble des connaissances et des techniques utilisées pour l'observation, l'analyse, l'interprétation et la gestion de l'environnement à partir de mesures et d'images obtenues à l'aide des plates-formes aéroportées, spatiales, terrestres ou maritimes. Comme son nom l'indique, elle suppose l'acquisition d'informations à distance, sans contact direct avec l'objet détecté. Ainsi, la télédétection se définit aussi comme «l'ensemble des connaissances et techniques utilisées pour déterminer des caractéristiques physiques et biologiques d'objets par des mesures effectuées à distance, sans contact matériel avec ceux-ci» (COMITAS, 1988). L'interaction entre écologie et télédétection a fait l'objet de plusieurs synthèses et conceptualisations (Lulla et Mausel, 1983 ; Quattrochi et Pelletier, 1990 ; Stoms et Estes, 1993). Ces travaux résument comment des observations du comportement spectral des objets effectuées à distance peuvent répondre aux attentes des écologues, que l'on peut résumer en quatre mots clés : description, fonctionnement, généralisation, comparaison. Dans ce cadre, la télédétection permet :

- une approche descriptive, en caractérisant et cartographiant à une échelle donnée les constituants du complexe écologique et sa structure spatiale ;

15

- une approche fonctionnelle, en apportant des éléments d'information concernant le fonctionnement et la dynamique du système, en lui-même, ou en interaction avec l'extérieur par l'intermédiaire de ses frontières ;
- la généralisation des connaissances descriptives ou fonctionnelles acquises localement à des systèmes plus importants, voire mondiaux. La télédétection apparaît donc comme un outil privilégié du transfert d'échelle ;
- la comparaison dans l'espace et dans le temps des compositions et des fonctionnements de systèmes écologiques.

Ainsi, les travaux effectués à l'échelle planétaire sur l'environnement ont grandement bénéficié de l'outil de télédétection, en permettant une amélioration notable de la connaissance du fonctionnement de la biosphère par le biais des évaluations de production et de quantification des flux de matières des systèmes océaniques ou terrestres (Field et *al.*, 1998).

- **Variabilité climatique**

La variabilité climatique est la variation de l'état moyen du climat à des échelles temporelles et spatiales. Elle est caractérisée par un changement intra annuelle et interannuelle des principaux facteurs régissant le climat.

- **Le corps noir**

Un corps noir est un corps qui absorbe, sans la réfléchir ni la diffuser, toute l'énergie électromagnétique qu'il reçoit (Wien, 1894). Ainsi, une boite avec une toute petite ouverture est généralement une bonne approximation d'un corps noir. Un tel "corps noir" reçoit de l'énergie, s'il n'en émettait pas, sa température augmenterait indéfiniment. La quantité d'énergie réémise dépend de sa température. Ceci a engendré la "loi de rayonnement du corps noir" qui estime la valeur de l'énergie émise en fonction de la température.

- **La loi de déplacement de Wien (1894)**

La loi du déplacement de Wien, ainsi nommée d'après Wilhelm Wien, est une loi physique selon laquelle une longueur d'onde à laquelle un corps noir émet le plus de flux lumineux énergétiques est inversement proportionnelle à sa température (Wien, 1894). Elle est déduite de la loi de Planck du rayonnement du corps noir et est la relation liant la longueur d'onde $\lambda_{max}$, correspondant au pic d'émission lumineuse du corps noir, et la température T (exprimée en kelvin).

**T.$\lambda_{max}$ = 2 897,8 µm.K** avec T en Kelvin et $\lambda_{max}$ en µm. (Wien, 1894)

- **La loi de la Planck (1901)**

La loi de la Planck décrit la luminance émise par le corps noir, en fonction de la longueur d'onde et de la température **(Planck, 1901)**. Cette loi est à la base de la possibilité et de la pertinence de la mesure des températures par rayonnement.

$$L^{\circ}_{\lambda}(T) = \frac{c1.\lambda^{-5}.10^{-6}}{\pi.[exp(c2/\lambda/T) - 1]}$$

(W.m$^{-2}$.sr$^{-1}$.µm$^{-1}$)

c1 = 3,741832.10$^{-16}$ est la 1$^{ère}$ constante de rayonnement ; c2 = 1,438786.10$^{-2}$ est la 2$^{ème}$ constante de rayonnement, T est la température en Kelvin et $\lambda$ est la longueur d'onde en en mètres.

- **La loi de Stefan (1879)**

La loi de Stefan est l'intégrale sur le spectre et sur l'hémisphère de la loi de Planck **(Stephan, 1879)**. Elle est très utilisée en thermique de première approche (avec l'émissivité totale hémisphérique) et néglige les variations spectrales et directionnelles de l'émissivité.

$M^{\circ}(T) = \sigma.T^4$ avec $\sigma = 5,67032.10^{-8}$ W.m$^{-2}$.K$^{-4}$, constante de Stefan-Boltzmann [N], avec T en Kelvin.

- **Les indices de végétation et le NDVI**

Dans la littérature, un grand nombre d'indices de végétation ont été développés pour différentes applications et dans des conditions bien spécifiques (Bannari et *al.*, 1995).Les indices de végétation sont basés sur la réflectance différentielle des tissus végétaux vivants ou photo-synthétiquement actifs dans les longueurs d'onde du rouge et du proche infrarouge du spectre électromagnétique dans le domaine solaire (Tucker et *al.*, 1985). En effet, les feuilles vertes réfléchissent une très faible proportion du rayonnement incident dans la bande du rouge et une très forte proportion dans la bande du proche infrarouge (Guyot, 1990).

Ces indices ont été utilisés pour estimer diverses propriétés biophysiques liées directement à la productivité primaire et au taux de couverture (Tucker *et al.*, 1985 ; Benoit *et al.*, 1988 ; Paruelo *et al.*, 1997 ; Paruelo *et al.*, 2000), y compris le rayonnement photo-synthétiquement actif (PAR) intercepté (Tucker, 1977; Asrar *et al.* 1984). Dans le but de réduire l'effet de facteurs externes sur les réflectances tels que le substratum sous-jacent, les conditions d'illumination ou les effets atmosphériques, les réflectances spectrales ont été combinées de diverses façons en indices de végétation (Bournan, 1991). Ainsi, nous avons entre autre, l'indice

17

de recouvrement végétal (Fcover), l'indice foliaire (LAI), le NDVI etc. Ils combinent les réflectances dans le visible et le proche infrarouge (PIR).

L'indice de Végétation NDVI (Normalized Difference Vegetation Index), variant entre -1 et 1, est un rapport normalisé entre le Proche infrarouge et le Rouge (Rouse *et al.*, 1974). Sa formule est: NDVI = (PIR- R) / (PIR + R) ; PIR est la réflectance dans le proche infrarouge et R est la réflectance dans le rouge.

La jonction entre le domaine spectral du rouge et du proche infrarouge, utilisé dans l'équation du NDVI, est un indicateur privilégié pour tout ce qui a trait à la concentration en chlorophylle des végétaux (Guyot, 1989). Le déplacement de ce plateau ainsi que son amplitude constitue un indicateur spectral important pour la détection des stress (Carter et Miller, 1994). Cet indice est efficace pour quantifier la biomasse (Bariou *et al.*, 1985), mais ne permet pas de détecter les variations dans le type de couvert végétal ou la pigmentation chlorophyllienne selon certains auteurs (Lichtenthaler *et al.*, 1998) alors que d'autres études montrent son efficacité à discriminer l'état de santé des végétaux (Adams *et al.*, 2000).

Des études antérieures ont montré que le NDVI est tout de même relativement sensible aux positions respectives du capteur et du soleil (effets directionnels) (Goward *et al.*, 1994 ; Roujean *et al.*, 1992), aux variations spatiales et temporelles de composition de l'atmosphère (effets atmosphériques) (Tanré *et al.*, 1992) et à la couleur de la strate sous-jacente comme le sol et la litière (Huete *et al.*, 1985 ; Baret et Guyot, 1991). Malgré les défauts cités ci-dessus, le NDVI est souvent le seul indice présent dans de nombreuses bases de données multitemporelles (Los *et al.*, 1994). De plus, il montre de raisonnables corrélations avec des paramètres écologiques comme le FPAR (Fraction of Photosythetically Active Radiation).

- **Définition et caractérisation de la sècheresse**

La sécheresse est un phénomène météorologique et environnemental défini comme une période sans précipitation suffisamment longue pour que les réserves en eau du sol s'épuisent (Kramer, 1980). Si la notion de sécheresse n'est aujourd'hui pas universellement définie (Tate et Gustard, 2000), l'état de sécheresse peut cependant être caractérisé comme un déficit hydrique marqué dans une ou plusieurs composantes du cycle hydrologique. Ce manque d'eau est généralement du a de trop faibles précipitations (Alley, 1984 ; Chang et Cleopa, 1991) sur une période donnée, par rapport à la moyenne des apports observes sur cette période et a un impact direct sur l'alimentation des différents compartiments du bassin versant (surface, sol et nappes). Si les précipitations sont trop faibles ou inexistantes sur une période prolongée, l'apport d'eau à la surface du sol et dans les couches de sol plus profondes est par conséquent amoindri et l'eau disponible dans les cours d'eau et/ou pour ; la végétation peut alors elle aussi être déficitaire. Pour cette raison, trois grandes catégories de sècheresses ont été définies dans un premier temps par Dracup *et al.* (1980) et reprises par Wilhite et Glantz (1985) et sont aujourd'hui couramment utilisées par les climatologues et les hydrologues pour l'étude et le suivi des sécheresses.

**Les sécheresses météorologiques** sont caractérisées par un déficit des précipitations, solides et liquides (Palmer, 1965 ; Boken, 2005 ; Keyantash et Dracup, 2002). Ainsi, il s'agit d'une période, qui peut varier du mois à l'année, voire dans des cas extrêmes, a plusieurs années, durant laquelle les précipitations sont inférieures à la normale. Les sécheresses météorologiques sont souvent déclenchées par des anomalies persistantes de grande échelle des températures de surface de la mer (Bjerknes, 1969 ; Rasmusson et Wallace, 1983 ; Folland *et al.*, 1986 ; Lamb et Peppler, 1992 ; Ting et Wang, 1997 ; Trenberth et Shea, 2005).

**Les sécheresses agricoles** (ou édaphiques) sont caractérisées par un déficit lié à la réserve en eau du sol. Il s'agit d'une période durant laquelle l'humidité du sol est inférieure à sa valeur moyenne, ce qui a des conséquences directes sur la végétation, qu'elle soit naturelle ou cultivée (Palmer, 1965 ; Rosenberg, 1978 ; Wilhelmi, 2002). Ces sécheresses sont généralement provoquées par un cumul des précipitations inférieures à la normale (Narasimhan et Srinivasan, 2005), ou par une distribution temporelle plus irrégulière (c'est à dire des précipitations moins fréquentes, mais plus intenses), mais peuvent parfois être engendrées par des taux d'évapotranspiration plus élevés (Klocke et Hergert, 1990 ; Rind *et al.*, 1990 ; Hanson, 1991 ; Vicente-Serrano *et al.*, 2010) ou des processus de ruissellement plus intenses, en comparaison à la normale saisonnière. Les sécheresses agronomiques ont souvent de lourdes conséquences sur la production agricole (Panu et Sharma, 2002).

**Les sécheresses hydrologiques** peuvent à la fois définir le débit d'un cours d'eau comme trop faible, mais peuvent aussi représenter le fait qu'un réservoir du sol ou du sous-sol n'est pas suffisamment réalimenté. Ainsi, les sécheresses hydrologiques dépendent du degré d'approvisionnement en eaux de surface et en eaux souterraines des lacs, réservoirs, aquifères et cours d'eau (Yevjevich, 1967 ; Dracup *et al.,* 1980 ; Tallaksen *et al.*, 1997). L'impact d'une sécheresse hydrologique est important sur les activités humaines, puisqu'elle va avoir de fortes conséquences sur l'irrigation, les activités touristiques, la production d'énergie hydroélectrique, les transports (dans certains pays), l'alimentation en eau domestique et la gestion/protection de l'environnement. Pour Linslet *et al.* (1975), la sécheresse hydrologique est définie comme la période durant laquelle le débit des cours d'eau n'est pas suffisant pour répondre convenablement aux besoins en eau établis par le système de gestion de l'eau local.

La sécheresse est du point de vue économique, environnemental, social et agronomique, un des phénomènes naturels les plus dévastateurs (Burton *et al.*, 1978 ; Wilhite et Glantz, 1985 ; Wilhite, 1993 ; Wilhite, 2000). L'élaboration d'outils et de systèmes efficaces de suivi qui permettent de prévoir et donc d'anticiper ces épisodes, constitue actuellement un défi de taille. Une difficulté réside dans le fait qu'aucune définition unique de la sécheresse ne peut répondre à tous les besoins.

- **Le stress hydrique**

Selon Kramer (1980), le stress hydrique est un concept physiologique, il s'agit d'une perturbation du fonctionnement physiologique normal de l'organisme. Le stress hydrique dépend donc à la fois de l'espèce et du processus physiologique considérés, ce qui le rend difficile à définir. Pour cette raison, Levitt (1972) préfère parler de contrainte hydrique qu'il définit comme le ratio du stress hydrique et de la résistance du processus physiologique considéré. Cette définition, qui nécessite de quantifier à la fois le stress et la résistance étant difficilement applicable, la définition de Kramer (1980) sera préférée dans cette étude.

- **La désertification**

Dans son livre «climat, forêts et désertification de l'Afrique tropicale», le botaniste et écologue Auberville a constaté la progression de la dégradation du sol des zones très arides du Sahara vers les régions semi-arides et subhumides de l'Afrique tropicale (Auberville, 1949). Il utilisa le terme désertification pour qualifier ce processus de transformation de terres productives en désert suite à la détérioration de leur couverture pédologique. Il attribua cette destruction au résultat des actions dévastatrices de l'homme : déforestation, feux de forêt et agriculture qui exposent le sol à l'érosion hydrique et éolienne. Il précisa que ce phénomène n'est pas lié à l'aridité, et qu'il se développe dans les régions humides et subhumides : « ce sont de vrais déserts qui naissent aujourd'hui, sous nos yeux, dans des pays où il tombe cependant annuellement de 700 à plus de 1500 mm de pluies » (Auberville, 1949).

Dans sa définition du concept, Auberville voit la désertification à la fois comme un processus (un changement d'état) et comme un résultat (l'état final du phénomène de dégradation) (Glantz et Orlovsky, 1983). La désertification peut, donc, être définie comme un état avancé ou une forme extrême de la dégradation du sol aboutissant à une détérioration sévère de la couverture végétale (Warren et Agnew, 1988). Elle englobe toutes les formes de la dégradation conduisant à la réduction ou la perte du potentiel de productivité du sol et à l'affaiblissement ou la destruction de la résilience des ressources naturelles (Lacaze *et al.*, 1996).

- **La dégradation du sol**

La dégradation du sol (land degradation) peut être définie comme la réduction (ou la perte) de la productivité biologique ou de l'utilité des ressources naturelles causée par l'activité humaine (Gretton et Salma, 1996). Cette définition est étroitement liée aux notions de ressources renouvelables et de développement durable. En effet, la qualité qui procure à la ressource son caractère renouvelable est sa résilience (résistance). Celle-ci exprime d'une part, la capacité de la ressource de supporter l'impact des conditions climatiques et des changements d'utilisation du sol et d'autre part, son aptitude à se régénérer suite à ces agressions. Ce qui revient à définir la dégradation du sol comme étant la perte de la résilience de la ressource naturelle considérée, laquelle se mesure par le coût de sa réhabilitation (Warren et Agnew, 1988).

## Chapitre III : Matériel et méthodes

Ce chapitre est consacré à la présentation du matériel, des données et des méthodes utilisés dans le cadre du présent travail.

### 3-1 Matériel

Pour cette analyse, plusieurs données ont été utilisées. D'une part les images Landsat dont le choix est fondé sur trois critères : la couverture, la résolution et les années de prises de vue, ont étés utilisées. En effet de par leur grande résolution spatiale et leur dimension élevée, les images Landsat offrent une meilleure possibilité de détection des objets et leur utilisation permet de réduire le nombre de scène à traiter afin de garantir l'homogénéité des résultats cartographiques. En ce qui concerne les dates de prises de vue, quatre ensembles d'images ont été choisis: une couverture plus ancienne, en 1990, une couverture moins ancienne, en 2000, une couverture intermédiaire, en 2010 et une couverture récente en 2013. Ainsi il s'agit de :

- De l'image Landsat TM, année 1990, path192, row 54
- De l'image Landsat ETM+, année 2000, path 192, row 54
- De l'image Landsat ETM+ 2010, path 192, row 54
- De l'image Landsat 8 OLI/TIRS 2013, path 192, row 54

D'autre part le matériel suivant a aussi été utilisé:

- Le fond topographique du Bénin, IGN 1992, feuille de Sokodé.
- Du Global Positionning System (Garmin) a permis l'identification des points de contrôles.
- Une image de tyd'pe Digital Elevation Model (DEM), Path 192, Row 54 captée par la NASA en 2007

- Les données pluviométriques et d'ETP recueillies auprès de l'Agence pour la Sécurité de la Navigation Aérienne en Afrique et à Madagascar (ASECNA).

Des logiciels ont été utilisés. Entre autres on a :

- ENVI 4.8 pour le traitement d'image et, Erdas Imagine 9.3 pour le mosaïquage.
- ArcGIS 10.1 la cartographie, les requêtes spatiales, la réalisation des cartes NDVI et de radiation solaire sur image Landsat, et celles d'écoulements de surfaces.
- Qgis pour découper les images.
- Arcview 3.2 pour la digitalisation.
- PCl géomatica (Focus) pour le rehaussement d'image.
- Surfer la réalisation du modèle en trois dimensions.
- Des logiciels Microsoft : Word, Excel pour la saisie et le traitement des données
- Le logiciel SPSS a permis de faire le traitement statistique et l'analyse factorielle.

### 3-2 Méthodes de traitement et d'analyses

### 3-2-1 Collecte des données satellitaires

Les images Landsat TM, 1990 ; Landsat TM, 2000 ; Landsat ETM+, 2010, et Landsat 8 2013 issues des scènes de path 192, row 54 ont été téléchargées à partir du site Internet de l'United State Geological Survey (USGS) sur www.earthexplorer.usgs.gov et celui du Global Land Cover Facility (GLCF) sur http://glcf.umd.edu/.

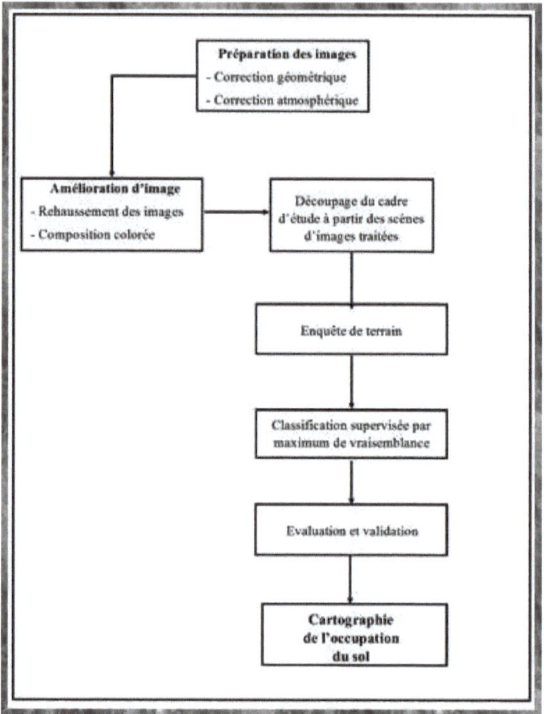

**Figure 6:** Organigramme de la cartographie de l'occupation du sol

### 3-2-2 Corrections géométriques des images

Les corrections géométriques comprennent la correction pour les déformations géométriques dues aux variations de la géométrie Terre-capteur, et la transformation des données en vraies coordonnées (par exemple en latitude et longitude) sur la surface de la Terre.

### 3-2-3 Correction atmosphérique

Les corrections atmosphériques aident à atténuer les effets liés aux angles d'incidence solaire et aux effets atmosphériques, lesquels changent les propriétés spectrales spécifiques des catégories d'occupation sur l'image. Ces corrections ont aussi pour but de corriger certaines variations de la distribution des données causées par le décalage temporel dans l'acquisition des images. En effet, les facteurs comme l'angle d'élévation du soleil, la distance Terre-Soleil, la calibration des capteurs, les conditions atmosphériques et la géométrie de visée affectent la valeur numérique des pixels (Eckhardt *et al.*, 1990).

Les propriétés optiques de l'atmosphère varient considérablement dans le temps et dans l'espace. Elles dépendent du contenu de la vapeur d'eau et de la quantité d'aérosols. Le signal capté par le satellite est modifié, d'une part, par des phénomènes de diffusion, de réflexion et d'absorption et, d'autre part, par les rapports géométriques entre le satellite, la cible et le soleil (angles et azimuts). La réflectance mesurée par le satellite est donc différente de celle de la surface terrestre. Plusieurs auteurs ont développé des modèles de corrections atmosphériques pour prendre en compte ces différents paramètres (Tanré et *al.*, 1990 ; Rahman et Dedieu, 1994).

Dans le cadre du présent travail, le module FLAASH du Logiciel ENVI 4.8 et l'algorithme Atmospheric Correction 2 (ATCOR2) de Focus PCL Geomatica ont permis de corriger les effets atmosphériques sur les images Landsat.

### 3-2-4  Rehaussement des images

Suite à la  correction des images téléchargées, il a été effectué le rehaussement des images afin d'uniformiser les teintes des trois bandes spectrales sur la mosaïque Landsat. Le rehaussement a aussi permis d'augmenter le contraste de couleur dans l'image, ce qui facilite le traitement et l'interprétation. Cette étape consiste à améliorer la visibilité des canaux bruts de l'image landsat en jouant sur l'intervalle des valeurs radiométriques (soit de 0 à 255 pour une image de 8 bits); elle est effectuée à partir des histogrammes de distribution des pixels de l'image selon les valeurs de niveaux de gris pour chaque bande.

### 3-2-5  Les compositions colorées

### 3-2-5-1 Composition infrarouge fausse couleur Landsat 1-4-7

Cette combinaison permet particulièrement d'étudier l'irrigation, de différencier les phénomènes physiques et anthropiques au sein de la végétation, la rémanence de la végétation, de même que l'exploitation agricole des sols. La bande 1(longueur d'onde entre 0,45 et 0.52 micromètre) offre une meilleure pénétration des masses d'eau et permet également de différencier des surfaces rocheuses dans la végétation. Quant à la bande 4 (longueur d'onde entre 0,76 et 0.90 micromètre), elle est la meilleure région spectrale pour distinguer les variétés et les conditions de végétation du fait de la forte absorption de l'eau au proche infrarouge et permet de délimiter les plans d'eau, de distinguer les sols secs et humides. Dans cette bande, les terres cultivées et les prairies présentent une réflectance plus élevée (tonalité claire) de la forêt. Elle permet également de séparer les terres cultivées par les cultures nues. Comme les cultures permanentes (végétation) ont une plus grande réflectance dans le proche infrarouge,

24

elles apparaissent de façon plus brillante en raison de la présence d'humidité, avec un ton plus foncé. La bande 4 est utile pour l'identification des cultures. La bande 7 (longueur d'onde entre 2.08 et 2.35um) sépare fortement la terre et l'eau. Cette bande absorbe fortement l'eau et avec une forte réflectance des terres et des roches.

Cette combinaison a été utilisée dans la forêt classée d'Agoua pour une bonne caractérisation de l'anthropisation du milieu au sein de la forêt.

### 3-2-5-1 Composition infrarouge fausse couleur Landsat 7-4-2

La combinaison 7-4-2 permet d'accroître les possibilités d'interprétation des images satellites Landsat du fait qu'elle dispose d'un canal infra rouge (canal 7) très utile pour l'identification de la nature d'une surface avec les potentialités des énergies émises et celles réfléchies. La particularité ici dans le cas de notre étude pour cette combinaison, est que le couvert végétal reflète mieux dans le proche infrarouge que dans les autres domaines du spectre électromagnétique.

En fonction de l'intensité des vibrations ondulatoires émises par les plantes et de leurs différentiations, cette combinaison fournie mieux de détails invisibles.

Dans cette combinaison, la végétation saine se distingue en vert vif et peu saturer au cours des saisons de croissance forte, les prairies en vert, le sol stérile en rose, et la végétation clairsemée en orange ou brun. La végétation sèche sera en orange et l'eau sera en bleue. Les types de sols et les minéraux sont mis en évidence par une multitude de couleurs. Cette combinaison de bande fournit des images frappantes pour les régions désertiques. Elle est utile pour les études géologiques, les espaces agricoles et les zones humides.

Pour l'étude de la forêt classée d'Agoua, cette combinaison a été utilisée pour mieux révéler les sols nus, l'aridité, et les phénomènes géologiques.

### 3-5-2 Mosaïquage d'images

La démarche qui suit l'étape de la réalisation d'images résultant de l'analyse des composantes principales (ACP) d'images est le mosaïquage des dites images. Le principe de la mosaïque d'images utilisée à cet effet est la combinaison spectrale entre les composites ACP de type 1-4-7 et ceux de type 7-4-2 de la même année.

Le mosaïquage permet de lier deux ou plusieurs images en une image unique. Cette opération est utile pour présenter des images dans des publications ou des compositions cartographiques et est un moyen d'élargir l'étendue d'une zone géographique. Pour réaliser cette opération, le logiciel ENVI propose un assortiment d'utilitaires complémentaires tels que la jonction des bordures, la transparence des limites d'image et l'histogramme assorti.

Pour mosaïquer deux ou plusieurs images il est d'abord nécessaire d'effectuer des opérations préliminaires sur ces images.

On distingue deux méthodes de mosaïquage :

- La méthode manuelle basée sur le raccordement des deux scènes au niveau d'un pixel commun : les images doivent être présentées dans le même système de projection, dans la même résolution spatiale et dans la même orientation.

- La méthode automatique basée sur le raccordement des scènes géo-référencées. Si la résolution spatiale et le système de projection sont différents, on réaliser un rééchantillonnage des données.

Les scènes à mosaïquer peuvent présenter des contrastes très différents de sorte que l'image résultante aura, pour un même objet, des densités différentes. Le traitement des images initiales passera donc par un rééquilibrage des contrastes (étalement de dynamique) et une harmonisation des histogrammes. Malgré l'harmonisation des histogrammes, il est indispensable d'estomper la zone de jonction entre les deux images mosaïquées. Le mosaïquage géo-référencé est utilisé pour lier automatiquement deux ou plusieurs images géo-référencées. Des images de résolution spatiale différentes peuvent être mosaïquées.

### 3-2-7 Découpage du cadre d'étude (forêt d'Agoua) à partir des scènes d'images traitées dans Arcgis 10.1

Le découpage des images satellitaires de la forêt classée d'Agoua s'est réalisé dans Arcgis 10.1 à partir du module spatial analyst. Il s'agit d'extraire une sous-scène de l'image entière. Au préalable il est nécessaire de repérer, dans la scène entière, les coordonnées de la zone à extraire. L'intérêt de spatial analyst, est comme son nom l'indique de réaliser une bonne analyse spatiale qui se base sur des données géoréférencées. La technique de découpage d'image utilisée dans le cas d'espèce, nécessite un masque vecteur correspondant à la portion de la zone à étudie, et une image Raster sur laquelle sera découpée la portion à extraire. En effet, on a procédé à une extraction par masque, et ce masque est ici le polygone vecteur (shapefile) de la forêt classée d'Agoua. L'image découpée est enregistrée dans un dossier pour des fins d'analyses.

### 3-2-8 Pré-terrain

Pour identifier les unités d'occupation, une phase de pré-terrain a été réalisée. Cette étape a permis de mieux connaitre le terrain pour une classification supervisée d'image. Les points GPS ayant servi à l'identification des pixels correspondants aux classes par la définition des aires d'entrainement ont été recueillis sur le terrain, et ensuite ont été projetés sur une image traitée en composite infrarouge 7-4-2. La réponse spectrale des unités d'occupation a été enregistrée et utilisée lors de la classification par maximum de vraisemblance. Ceci a permis d'une part à une identification plus réaliste des classes et d'autre part à une limitation des erreurs.

### 3-2-9 Classification supervisée

Cette classification a été utilisée compte tenu de la connaissance du terrain. Elle a consisté à identifier visuellement un certain nombre d'éléments ou objets naturels ou artificiels qui peuvent être ponctuels, linéaires ou surfaciques sur l'image.

Ladite classification sous le logiciel de traitement d'image ENVI 4.8 se déroule en quatre (4) phases essentielles que sont :

- La définition de la légende ou le renseignement du **ROI** *(Regions* **Of Interest)** ;
- La sélection des échantillons de parcelles d'entrainement (ou Regions) ;
- La description et renseignement des différentes classes ;
- Le choix de l'algorithme de classification.

Les unités telles que **forêt claire, forêt dense, savane arborée et arbustive, savane herbeuse, sols dénudés** ont été définies pour la légende. Ce qui a conduit à la sélection des parcelles d'entraînement. Ainsi, différentes classes sont définies suivies de l'attribution des couleurs.

L'algorithme **Maximum Likelihood** (maximum de vraisemblance) est choisi pour la classification. Il permet de classer les pixels inconnus en calculant pour chacune des classes la probabilité pour que le pixel tombe dans la classe correspondante. Cependant si cette probabilité n'atteint pas le seuil escompté, le pixel est classé inconnu.

La superposition des données spatialisées de pluies et de températures sur les différentes classes identifiées permet de voir le lien spatial qui existe entre les différentes unités d'occupations et les paramètres climatiques.

### 3-2-10 Vérification-correction de la cartographie de la couverture du sol

À l'issue de la classification, les statistiques par sous-classe sont examinées pour déterminer la correspondance d'une classe à une autre. Ces analyses permettent de réaffecter les groupes de pixels qui avaient été englobés dans une autre classe à l'issue de la première classification. À l'issue de ces analyses, une correction peut être apportée à un masque par ajout ou retrait de l'une des six classes qui le composent. Un nouveau masque est alors créé par sélection de l'ensemble des sous-classes d'après leur comportement radiométrique.

### 3-2-11 Réalité terrain

Une mission sur le terrain pour reconnaissance et validation des résultats a été organisée du 2 Janvier 2014 au 12 Janvier 2014. Elle a permis de:

- définir les différentes formations végétales et toutes les autres unités thématiques selon leurs réponses spectrales sur les compositions colorées ;
- vérifier les résultats de l'interprétation visuelle des images satellitaires et apporter des précisions pour les zones difficiles à interpréter ;
- noter l'impact de l'action humaine dans la forêt classée d'Agoua, et les dégradations observées ;
- analyser l'enjeu climatique lié à la sécheresse dans la forêt classée d'Agoua,
- procéder à l'évaluation de la qualité des résultats obtenus par les classifications d'images.

### 3-2-12 Évaluation et validation des classifications

Les matrices de confusion des classifications ont été calculées pour valider les classifications réalisées. Ces matrices permettent de vérifier la qualité de l'apprentissage et donnent une estimation de la validité des classifications. La matrice de confusion se présente comme suit :
- Les lignes représentent l'affectation des pixels à chaque thème après classification,
- Les colonnes indiquent la répartition réelle des pixels dans chaque thème,
- Et la diagonale représente les pourcentages des pixels bien classés.

### 3-2-13 Calcul de l'indice de végétation normalisé (NDVI)

Par la suite nous avons calculé l'indice de végétation normalisé (NDVI) qui permet de mettre en évidence la végétation, et le sol nu. Le NDVI a été calculé ici, du fait qu'il est un indicateur biophysique potentiel du climat.

Le NDVI traduit l'activité photosynthétique du couvert végétal à l'instar de la mesure (Rouse *et al.,* 1974). Il se calcule selon la formule ci-dessous :

$$NDVI = (PIR - R) / (PIR + R)$$

Où: *PIR* est la réflectance de la végétation dans le proche infrarouge et *R* celle dans le rouge ; ainsi, le NDVI se calcule, respectivement, à partir des bandes TM et ETM+ selon les formules suivantes :

$$NDVI = (TM4-TM3) / (TM4+TM3)$$

$$NDVI = (ETM+4-ETM+3) / (ETM+ 4 + ETM+3)$$

Sa valeur se situe entre -1 et 1. Plus on s'approche de 1, l'indice de végétation normalisé est élevé.

3-2-14 **Analyses factorielles dans SPSS**

En vue de la réalisation de l'analyse factorielle, une base de données dans SPSS a été élaborée. Cette base intègre non seulement les données d'occupation issues de la classification, mais aussi celle de NDVI, de radiations solaires au sol, ainsi que celles liées à la température et à la pluviométrie. Une fois que la base a été réalisée, l'analyse factorielle est directement lancée à partir du menu principal de SPSS. Les résultats sont ensuite exportés en format Word pour être interprétés.

**3-2-15 Les outils de caractérisation de la variabilité pluviométrique**
**3-2-15-1    L'analyse de l'indice standardisé des précipitations**

L'analyse de l'indice standardisé des précipitations ou Standardized Precipitation Index (SPI) (Bergaoui et Alouini, 2001) permet d'interpréter la dynamique de la couverture végétale en relation avec l'évolution de la pluviométrie. Cet indice, bien adapté au suivi de la dynamique de la végétation, est utilisé pour quantifier les déficits de précipitations à différentes échelles temporelles. Sa formule est la suivante : SPI = $(X_i - X_m)/S_i$

Où:
- Xi est le cumul des pluies pour une année i,
- Xm et Si sont respectivement la moyenne et l'écart type des pluies annuelles observées pour la série concernée.

Le calcul de cet indice permet de déterminer le degré d'humidité ou de sécheresse du milieu (Bergaoui et Alouini, 2001). Lorsque SPI>2, on parle d'humidité extrême (HE) ; pour 1 <SPI<2, on a une humidité forte (HF) ; pour O<SPI<l, on a une humidité modérée (HM) ; pour -l<SPI<O, on a une sécheresse modérée (SM) ; si -2<SPI< -1, on a une sécheresse forte (SF) ; et si SPI< -2 la sécheresse est qualifiée d'extrême (SE) (Bergaoui et Alouini, 2001).

Pour être représentatif, l'indice standardisé de précipitation exige des données sur au moins trente (30) ans, d'après l'Organisation mondiale de la météorologie (OMM).

L'indice standardisé de précipitations permet de mettre en exergue la période normale, la période humide et la période sèche :
- Une période normale est une période pendant laquelle une fluctuation identique s'observe de part et d'autre de l'axe des abscisses. Dans ce cas, la moyenne annuelle est sensiblement égale à la moyenne de la pluviométrie totale,

- Pendant la période humide, la moyenne annuelle est supérieure à la moyenne de la pluviométrie totale. Enfin, la période sèche correspond à une période où la moyenne annuelle est inférieure à la moyenne pluviométrique totale.

### 3-2-15-2    Autocorélogramme et test de PETTITT

En prélude à l'autocorélogramme et au test de PETTITT, une spatialisation des données pluviométriques a été réalisée. La vectorisation de ces données interpolées par année, a rendu possible la création d'une base de données pluviométrique à l'échelle de la forêt d'Agoua.

La spatialisation par la fonction radiale de base des hauteurs pluviométriques a été rendue possible grâce au logiciel ArcGis à partir du module Gestatistical Analyst. Ce module permet de façon générale les analyses de géostatistique, et dispose d'une gamme variée de fonctions pour l'interpolation spatiale.

Par la suite, la hauteur annuelle de pluies a été calculée pour servir de base pour les tests statistiques. L'autocorélogramme, le test de PETTITT ont été rendus possible grâce au logiciel Khronostat.

Le test de PETTITT est non-paramétrique et dérive du test de Mann-Whitney. Sa mise en œuvre suppose que pour tout instant t compris entre 1 et N, les séries chronologiques (x) i = 1 à t et t+1 à N appartiennent à la même population.

### 3-2-16 Techniques de filtrage spatial

Les filtres directionnels de Sobel (de types 7×7) ont été utilisés dans Envi 4.8 pour identifier les linéaments, et ont permis de mieux les discriminer, dans la forêt classée d'Agoua. Ils ont été appliqués sur l'espace de la forêt classée d'Agoua pour détecter les sites les plus favorables pour la communication entre les eaux de surface et les eaux souterraines. Ces filtres sont conçus de façon à faire ressortir ou masquer des caractéristiques spécifiques d'une image en se basant sur la fréquence associée à la texture.

Les filtres directionnels de Sobel  accentuent les discontinuités lithologiques et structurales dans les quatre directions Nord -Sud ; Nord / Est – Sud / Ouest ; Nord / Ouest – Sud / Est ; Est - Ouest. Les discontinuités lithologiques et structurales correspondantes à des linéaments structuraux ont été relevées manuellement suivant une analyse visuelle à l'écran.

Cette méthodologie a permis l'extraction des linéaments de la zone d'étude.

**Tableau IV** : Filtres directionnels de Sobel utilisé (matrice 7x7)

| N-S | | | | | | | E-O | | | | | | |
|---|---|---|---|---|---|---|---|---|---|---|---|---|---|
| 1 | 1 | 1 | 2 | 1 | 1 | 1 | -1 | -1 | -1 | 0 | 1 | 1 | 1 |
| 1 | 1 | 2 | 3 | 2 | 1 | 1 | -1 | -1 | -2 | 0 | 2 | 1 | 1 |
| 1 | 2 | 3 | 4 | 3 | 2 | 1 | -1 | -2 | -3 | 0 | 3 | 2 | 1 |
| 0 | 0 | 0 | 0 | 0 | 0 | 0 | -2 | -3 | -4 | 0 | 4 | 3 | 2 |
| NE - SO | | | | | | | NO - SE | | | | | | |
| 0 | 1 | 1 | 1 | 1 | 1 | 2 | -2 | -1 | -1 | -1 | -1 | -1 | 0 |
| -1 | 0 | 2 | 2 | 2 | 3 | 1 | -1 | -3 | -2 | -2 | -2 | 0 | 1 |
| -1 | -2 | 0 | 3 | 4 | 2 | 1 | -1 | -2 | -4 | -3 | 0 | 2 | 1 |
| -1 | -2 | -3 | 0 | 3 | 2 | 1 | -1 | -2 | -3 | 0 | 3 | 2 | 1 |

**Source** : Kanohin F. et al. (2012)

### 3-2-17 Calcul de l'indice d'agrégation de la végétation

Cet indice de configuration spatiale ou d'agrégation spatiale, appelé AI (Aggregation Index), fait référence à l'arrangement spatial et au regroupement des objets sur l'image. Il renseigne sur la fréquence des connexions entre les pixels d'une même classe de paysage, se prêtant ainsi à une quantification de l'organisation du paysage. Le calcul est réalisé avec une fenêtre glissante d'un radius de 10 mètres correspondant à une surface significative de 100 m².

Le calcul de l'indice produit une carte au format raster avec des valeurs variant de 0 à 100 %. Pour simplifier les résultats, 3 classes de valeurs d'agrégation sont identifiées comme illustré ci-dessous :

- Agrégation = 0 correspond à une occupation du sol généralement différente de la végétation ; il n'y a aucun contact entre chaque unité de végétation de surface équivalente à celle du pixel de l'image ;
- 0< Agrégation < 90 % correspond à une végétation discontinue, éparse ou des limites de maquis garrigues ;
- Agrégation ≥ 90 % met en évidence une végétation continue et dense.

### 3-2-18 Identification qualitative de la structure de la végétation

L'identification qualitative de la structure horizontale de la végétation se fait alors en regroupant les classes de végétation identifiées selon le critère de continuité horizontale. Ainsi, dans la classification orientée objet réalisée avec Feature Analyst, les classes de végétation sont regroupées comme suit :

- Structure horizontale de la végétation continue : ce regroupement correspond aux classes de **végétation** dont la couverture arborée est **dense** : la surface au sol est totalement couverte de végétation (forêts de résineux, feuillus, mixtes non débroussaillées, garrigues, maquis, etc.).

- Structure horizontale de la végétation discontinue : ce regroupement correspond aux classes de **végétation éparse** : la surface au sol n'est pas totalement couverte de végétation, il s'agit souvent de zones entretenues (débroussaillées, végétation d'agrément, plantations, haies, etc.).

- Le reste des classes d'occupation du sol constitue des **surfaces non végétalisées** (sol nu, surfaces bâties, surfaces agricoles, etc.), mais pas nécessairement non combustibles (surfaces agricoles notamment).

### 3-2-19 Révélation de l'état d'érosion

La mise à nu de l'horizon B par une érosion en nappe dominante provoque un rougissement de la surface du sol, mais qui n'est pas systématique, principalement en raison de la variabilité spatiale de la couverture pédologique. La teneur en oxydes de fer ou la rougeur varie avec la position topographique ou certaines différences locales de la composition de la roche mère.

Les éléments grossiers, peu déplacés, s'accumulent en surface et forme un tapis de gravillons de plus en plus dense susceptible d'augmenter la réflectance globale. Les horizons plus profonds (B, C, C1) s'individualisent nettement grâce à la l'augmentation de l'indice de brillance (IB) qui est liée à la concentration croissante d'éléments grossiers.

Après masquage de la végétation toujours active, le seuillage des indices de brillance et de rougeur a permis d'obtenir trois niveaux importants de dégradation du sol par érosion hydrique que l'on peut qualifier de la manière suivante : érosion faible, érosion forte, et érosion très forte.

### 3-2-20 Types biologiques et types phytogéographiques

### 3-2-20-1 Détermination des spectres biologiques

Les spectres biologiques ont été déterminés à partir des formes de vie ou types biologiques. Pour chaque groupement, un spectre brut reflétant la présence et un spectre pondéré qui prend en compte les recouvrements moyens ont été calculés. Ces formes de vie ont été établies selon les définitions de Raunkiaer (1934) cité par Dan., et al. (2007) :

### Phanérophytes (Ph)

Ce sont des plantes vivaces dont les pousses ou bourgeons persistants sont situés sur les axes aériens plus ou moins persistants. Les différentes formes de phanérophytes sont :

les mégaphanérophytes (MPh), arbres de plus de 30 m de haut ;

les mésophanérophytes (mPh), arbres de 10 à 30 m de haut ;

les microphanérophytes (mph), arbres de 2 à 10 m de haut ;

les nanophanérophytes (nph), arbustes de 0,4 à 2 m de haut ;

les phanérophytes lianescentes (Lph), plantes volubiles à vrille, à racines crampons, rampantes et/ou étayées.

### Chaméphytes (Ch)

Ce sont des espèces dont l'organe de reproduction est situé entre 0 et 40 cm.

### Géophytes (G)

Il s'agit des espèces qui ont des bourgeons cachés dans le sol. L'organe de reproduction est en dessous du sol.

### Thérophytes (Th)

Ils désignent les plantes à cycles courts. Ce sont des espèces qui ont besoin de leur graine pour se reproduire.

### Hémicrytophytes (Hc)

Ils regroupent les espèces dont les bourgeons se situent au niveau de la surface du sol ou à demi-caché. L'organe de reproduction est situé au ras du sol.

### 3-2-20-2 Détermination des spectres phytogéographiques

Les spectres phytogéographiques ont été déterminés à partir des types phytogéographiques. Ces spectres phytogéographiques, en mettant en évidence la répartition des espèces selon leur aire de distribution permettent de juger de la spécificité ou non d'un groupement végétal. Pour chaque groupement, un spectre brut reflétant la présence et un spectre pondéré prenant en compte les coefficients de recouvrement moyen des espèces ont été calculés. Les types phytogéographiques utilisés proviennent des subdivisions chorologiques de White (1983). Ainsi, on distingue :

- **Espèces à large distribution géographique**

- Cosmopolites (Cos) : espèces réparties dans le monde entier ;

- Pantropicales (Pan) : espèces réparties dans toutes les régions tropicales ;

- Paléotropicales (Pal) : espèces présentes en Afrique tropicale, en Asie tropicale, à Madagascar et en Australie ;

- Afro-américaines (AA) : espèces réparties en Afrique et en Amérique tropicale

- Espèces introduites (EI) : espèces cultivées ou subspontanées.

- **Espèces à distribution continentale**

- Afro-malgache (AM) : espèces réparties en Afrique et à Madagascar ;

- Afro-tropicales (AT) : espèces réparties dans toute l'Afrique tropicale ;

- Plurirégionales africaines (PA) : espèces réparties dans plusieurs régions d'Afrique ;

- Soudano-zambiennes (SZ) : espèces présentes à la fois dans la région soudanienne et dans la région zambienne ;

- Soudano-guinéennes (SG) : espèces de liaison largement distribuées dans la zone de transition régionale guinéo-congolaise/soudanienne

- Espèces soudaniennes (S) : espèces largement distribuées dans le centre régional d'endémisme soudanien.

### 3-2-21 Identification des espèces

L'identification des espèces est faite à la fois directement sur le terrain et partir des spécimens récoltés et comparés à ceux de l'Herbier National du Bénin ou à partir des Flores (Hutchinson et Dalziel, 1954-1972 ; Berhaut, 1967, 1971-1988 ; Brunel et *al.,* 1984 ; Van der Zon, 1992 ; Poilecot, 1995 ; Arbonnier, 2002 ; Akoegninou et *al.,* 2006). www.tela-botanica.org est également utilisé.

### 3-2-22 Données dendrométriques

Les relevés phytosociologiques ont été effectués suivant la méthode sigmatiste de Braun-Blanquet (1932) utilisée par plusieurs auteurs (Sinsin, 1993 ; Houinato, 2001; Djego, 2007). Cette méthode est basée sur le principe d'homogénéité floristique de la surface étudiée. Pour chaque espèce inventoriée, on lui affecte un coefficient d'abondance-dominance qui est l'expression de l'espace relatif occupé par l'ensemble des individus de chaque espèce. Les coefficients généralement admis sont :

5 : espèce couvrant 75 à 100% de la surface du relevé (RM : Recouvrement Moyen = 87,5%)

4 : espèce couvrant 50 à 75% de la surface du relevé (RM = 62,5%)

3 : espèce couvrant 25 à 50% de la surface du relevé (RM = 37,5%)

2 : espèce couvrant 5 à 25% de la surface du relevé (RM = 15%)

1 : espèce couvrant 1 à 5% de la surface du relevé (RM = 3%)

+ : espèce couvrant 0 à 1% de la surface du relevé (RM = 0,5%).

Les données dendrométriques sont collectées dans les placeaux de 100 m x 100 m. Elles ont concerné la circonférence des ligneux d'au moins 20 cm et la hauteur des arbres atteignant au moins 2 m. Le diamètre des ligneux est mesuré à 1,30 m au-dessus du sol tandis que la hauteur des ligneux est obtenue à l'aide de la crois du bucheron.

### 3-2-23 Traitement des données floristiques

### 3-2-23-1 Détermination des paramètres de diversité spécifique

Trois types d'indices classiques, sont le plus souvent calculés en écologie: la richesse spécifique qui correspond au simple comptage du nombre d'espèces présentées dans une aire déterminée ; l'indice de diversité de Shannon H' (1948) est utilisé en écologie comme mesure de la diversité spécifique (Margalef 1958) ; l'indice d'équitabilité E (Pielou 1966) permet de mesurer l'équitabilité des espèces du peuplement par rapport à une répartition théorique égale à l'ensemble des espèces (Barbault, 1992). Ces indices de diversité constituent des critères objectifs pour apprécier la diversité d'une communauté (Ramade 1994).

Indice de diversité de Shannon (H') ;

- **Richesse spécifique**

**H' = - $\Sigma$ Pi log2Pi**

**Pi = ni/N** est la fréquence relative des individus de l'espèce **i**

**ni** est le nombre d'individu (s) de l'espèce i

**N** est le nombre total d'individus recensés.

Les valeurs élevées de H' traduisent les conditions favorables du milieu pour l'installation de nombreuses espèces. Tandis que les valeurs faibles de H' traduisent les conditions défavorables du milieu pour l'installation des espèces.

- **Equitabilité de Pielou (E)**

**E = H'/ log2R**

**H'max = Log2R** est la valeur théorique de la diversité maximale pouvant être atteinte dans chaque groupement. Elle correspond à un état de répartition égale de tous les individus au sein des espèces du groupement considéré.

Cette équitabilité varie de 0 à 1. Les valeurs proches de 1 témoignent d'une régulière distribution des individus entre les espèces. Tandis que, les valeurs proches de 0 correspondent à la présence d'un nombre élevé d'espèces rares ou d'un petit nombre d'espèces abondantes.

### 3-2-23-2 Paramètres structuraux

En ce qui concerne les paramètres structuraux on a :

- **La Densité (D)**

La densité (D) est le nombre de ligneux sur pied ramené à l'hectare. Elle se calcule selon la formule :

**D= N x 10000/S**

**D** : nombre de tiges/ha ; **N** : nombre de tiges ayant au moins 2 m de hauteur ; **S** : superficie inventoriée rapportée à l'hectare.

- **Surface terrière moyenne (Gi)**

La surface terrière moyenne (**Gi**) est la surface occupée par les troncs d'arbres à hauteur de poitrine. Elle est calculée selon la formule :

**Gi = Σ ci2×10000 / 4ΠS**

**Gi** est en m²/ha ; ci : circonférence à 1,30 m du sol (m) ; **S** : Superficie inventoriée rapportée à l'hectare.

- **Circonférence de l'arbre moyen (Cg, cm)**

La Circonférence de l'arbre de surface terrière moyenne (Cg, en cm) est obtenue par la relation:

$$Cg = \sqrt{\sum_{i=1}^{n} c i^2 / N}$$

**N** = nombre d'arbres du placeau ; **ci** = Circonférence (cm) de l'arbre i.

- **Le quotient spécifique (QS) :**

Il permet de connaitre le degré de maturité et de stabilité de la flore et de la végétation (Hakizimana, et *Al.*, 2011). Ce dernier (le degré) a été estimé sur la base des valeurs spécifique (Q) pour l'ensemble des relevés phytosociologiques. Il s'obtient par la formule suivante:

**Q = R/Ge** ; où R est le nombre d'espèces identifiées et Ge le nombre de genres rencontré dans la zone d'étude.

### 3-2-23-3    Caractérisation de la structure de la végétation

#### Répartition par classe de circonférence

Les structures en diamètre sont en général des histogrammes construits à partir des fréquences relatives de classes de diamètre d'amplitude égale. Mais pour cette étude l'histogramme est construit à partir des fréquences relatives de classes de circonférence d'amplitude égale à 20 cm. La structure en circonférence des arbres au sein de chaque groupement végétal a été réalisée grâce au logiciel Minitab 14 et ajustée à la distribution de Weibull. La fonction de répartition de la distribution de Weibull est décrite par la fonction suivante :

$$f(x) = \frac{c}{b}\left(\frac{x-a}{b}\right)^{\frac{1}{c}} \exp\left[-\left(\frac{x-a}{b}\right)^{c}\right]$$

avec a : Paramètre de position ; b : Paramètre d'échelle ou de taille ; c : Paramètre de forme lié à la structure observée.

c < 1 : Distribution en « J renversé », caractéristique des peuplements multispécifiques ou inéquiennes.

c = 1 : Distribution exponentiellement décroissante, caractéristique des populations en extinction.

1 < c < 3,6 : Distribution asymétrique positive ou asymétrique droite, caractéristique des peuplements monospécifiques avec prédominance d'individus jeunes ou de faible circonférence.

c = 3,6 : Distribution symétrique ; structure normale, caractéristique des peuplements équiennes ou monospécifiques de même cohorte.

c > 3,6 : Distribution asymétrique négative ou asymétrique gauche, caractéristique des peuplements monospécifiques à prédominance d'individus âgés.

**DEUXIEME PARTIE**

Résultats et discussions

## Chapitre IV : Variabilité climatique au Bénin

### 4-1 Variabilité pluviométrique au Bénin

De par sa position géographique, la République du Bénin fait partie de la zone intertropicale. Globalement, on y distingue un climat tropical à régime unimodal au Nord et un climat subéquatorial au sud caractérisée par l'alternance de deux saisons pluvieuses et de deux saisons sèches. Dans la présente étude, l'évolution des précipitations est analysée à partir des cumuls pluviométriques annuels enregistrés aux stations synoptiques de Cotonou, Bohicon, Savè, Parakou, Natitingou et Kandi entre 1965 et 2010. Leurs séries de mesures pluviométriques ont le double avantage d'être quotidienne et complète. Ces stations présentent un climat général et font ressortir les contrastes climatiques latitudinaux et méridionaux.

L'analyse interannuelle de la pluviométrie au Bénin fait ressortir le caractère aléatoire et discontinu des précipitations. En effet il est souvent observé dans la série chronologique des cumuls pluviométriques, des périodes de baisses et de hausses continues de la pluie. Par exemple selon la figure 6, la station de Cotonou a enregistré respectivement en 1979 et 1980, 1913,3 et 869,5 mm de précipitation.

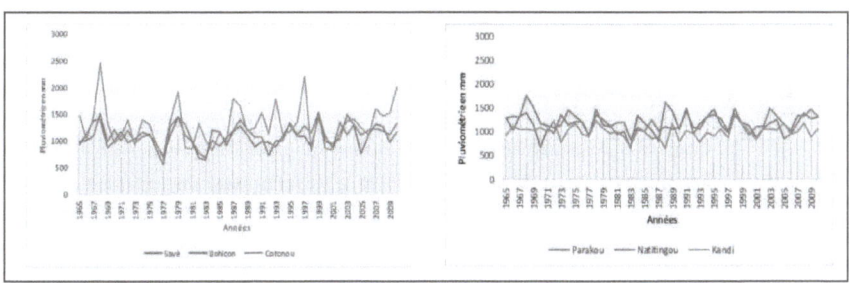

Figure 7 : Evolution des cumuls pluviométriques annuels de 1965 à 2009 à Cotonou, Bohicon, Savè, Parakou, Natitingou et Kandi.

Pour étudier la variabilité pluviométrique, l'on a souvent recours aux indices pluviométriques qui représentent la moyenne arithmétique des précipitations observées dans une division climatique (Rossel *et al.*, 2000). Le calcul de cet indice pour les six stations synoptiques du Bénin montre une variabilité pluviométrique interannuelle basée sur les fluctuations entre les années sèches et les années humides. Ces fluctuations mettent en exergue un caractère irrégulier des précipitations marqué par des épisodes humides et des épisodes sèches (tableau V)

**Tableau V**: Fréquence des années selon les classes de SPI par station

| Stations | NA | HE | HF | HM | SE | SF | SM |
|---|---|---|---|---|---|---|---|
| Bohicon | 46 | 1 | 7 | 13 | 2 | 5 | 18 |
| cotonou | 46 | 2 | 4 | 17 | 0 | 7 | 16 |
| Kandi | 46 | 1 | 7 | 16 | 2 | 5 | 15 |
| Natitingou | 46 | 1 | 7 | 12 | 1 | 6 | 19 |
| Parakou | 46 | 1 | 5 | 18 | 2 | 5 | 15 |
| Savé | 46 | 1 | 8 | 15 | 1 | 4 | 17 |

NA : nombre d'années, HE : humidité extrême, HF : humidité forte, HM : humidité modérée, SE : sécheresse extrême, SF : sécheresse forte, SM : sécheresse modérée

En considérant la répartition des stations étudiées par zone climatique qu'elle soit unimodal ou bimodal, on obtient la classification suivante et la fréquence en pourcentage des années selon les classes de SPI.

**Tableau VI**: Fréquence des années en pourcentage selon les classes de SPI par zone climatique

| Zone climatique | Stations | % HE | % HF | % HM | % SE | % SF | % SM |
|---|---|---|---|---|---|---|---|
| Climat béninien | Cotonou ; Bohicon | 3 | 12 | 33 | 2 | 13 | 37 |
| Climat soudanien | Savè ; Kandi ; Parakou ; Natitingou | 2 | 15 | 33 | 3 | 11 | 36 |

Il apparait à partir du tableau VIque les données pluviométriques enregistrées au niveau des stations de travail, à travers l'indice standardisé de précipitations, caractérisent une situation majoritairement dominée par une sécheresse modérée dans les zones climatiques du Nord et du Sud Bénin. Il est également observé dans ces deux zones climatiques plus d'années de sécheresse extrêmes que d'humidité extrêmes. En outre il apparait que les six stations météorologiques étudiés, ont globalement plus d'année de sécheresse modérée que d'année d'humidité modérée.

Cette variabilité interannuelle des pluies au Bénin se confirme également par les figures 8, 10, 12, 14, 16 et 18. Le test de pettit appliqué à la pluviométrie annuelle des stations synoptiques (figure 9, 11, 13, 15, 17 et 19) met en évidence l'existence de rupture pluviométrique pour les différentes stations.

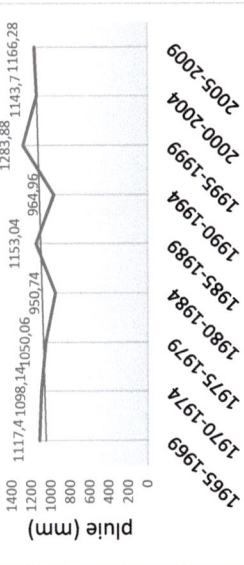

**Figure 10** : Variabilité des moyennes mobiles quinquennales des précipitations à Bohicon

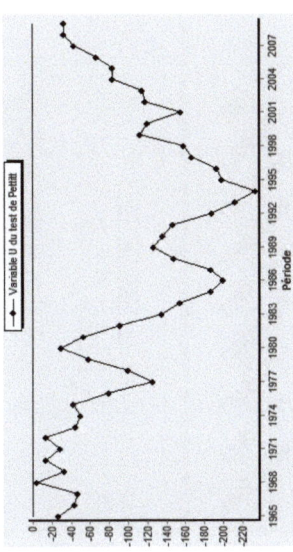

**Figure 11 :** Résultat du test de Pettit pour la station de Bohicon

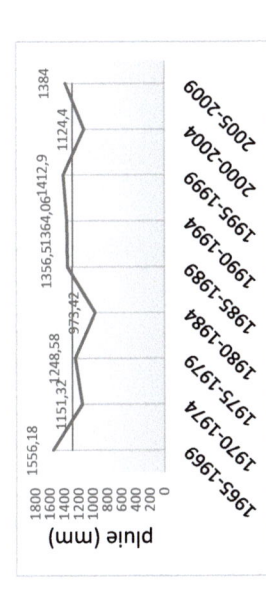

**Figure 8 :** Variabilité des moyennes mobiles quinquennales des précipitations à Cotonou

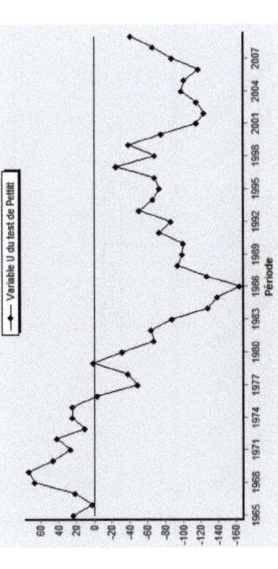

**Figure 9 :** Résultat du test de Pettit pour la station de Cotonou

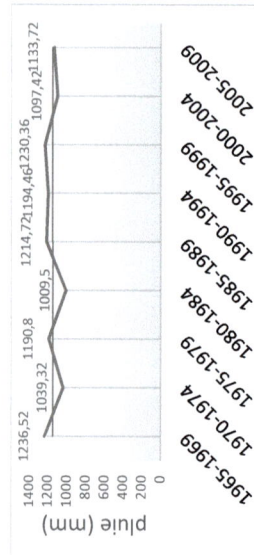

**Figure 14** : Variabilité des moyennes mobiles quinquenales des précipitations à Parakou

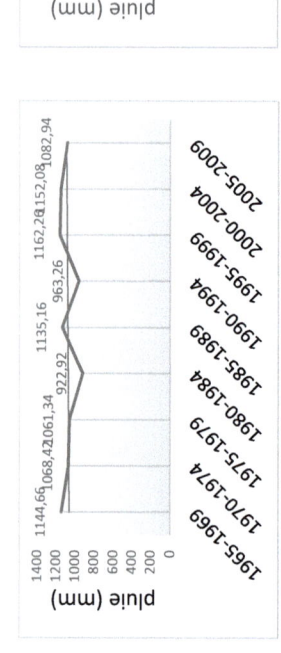

**Figure 12** : Variabilité des moyennes mobiles quinquenales des précipitations à Savè

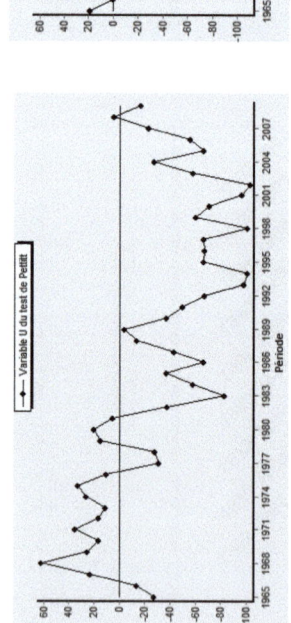

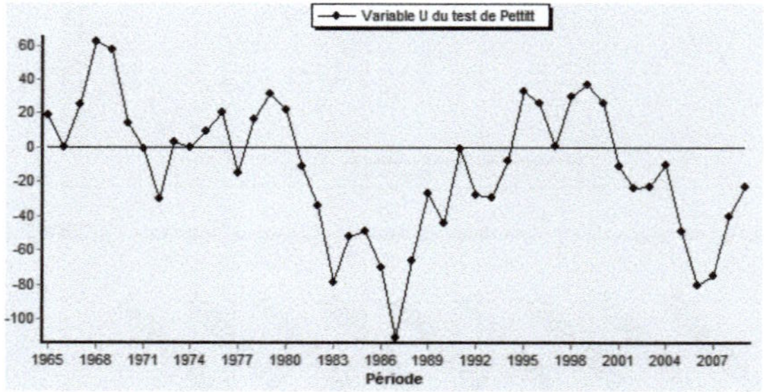

**Figure 15** : Résultat du test de Pettitt pour la station de Parakou

**Figure 13** : Résultat du test de Pettitt pour la station de Savè

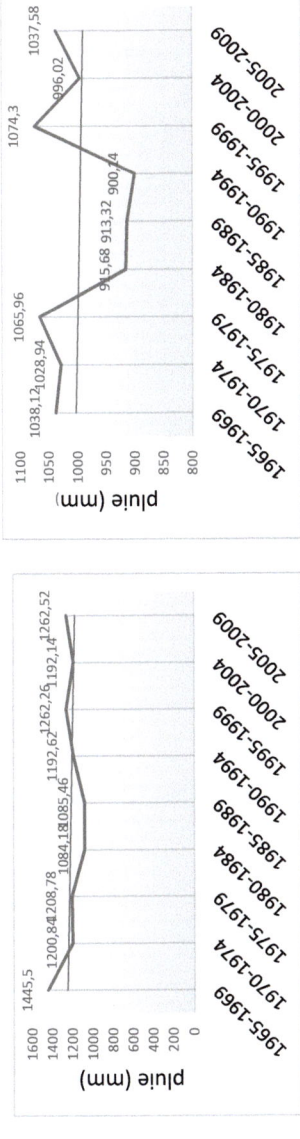

**Figure 16** : Variabilité des moyennes mobiles quinquenales des précipitations à Natitingou

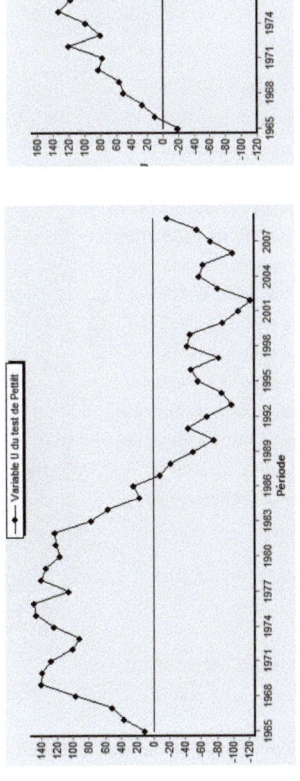

**Figure 17** : Résultat du test de Pettitt pour la station de Natitingou

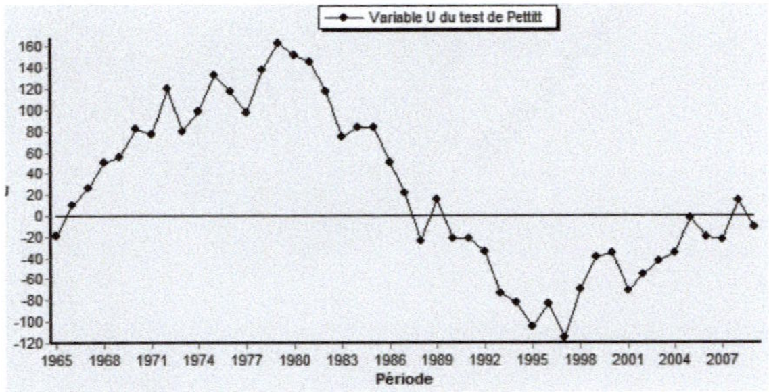

**Figure 18** : Variabilité des moyennes mobiles quinquenales des précipitations à Kandi

**Figure 19** : Résultat du test de Pettitt pour la station de Kandi

La figure suivante (figure 20) présente les changements pluviométriques observés au Bénin.

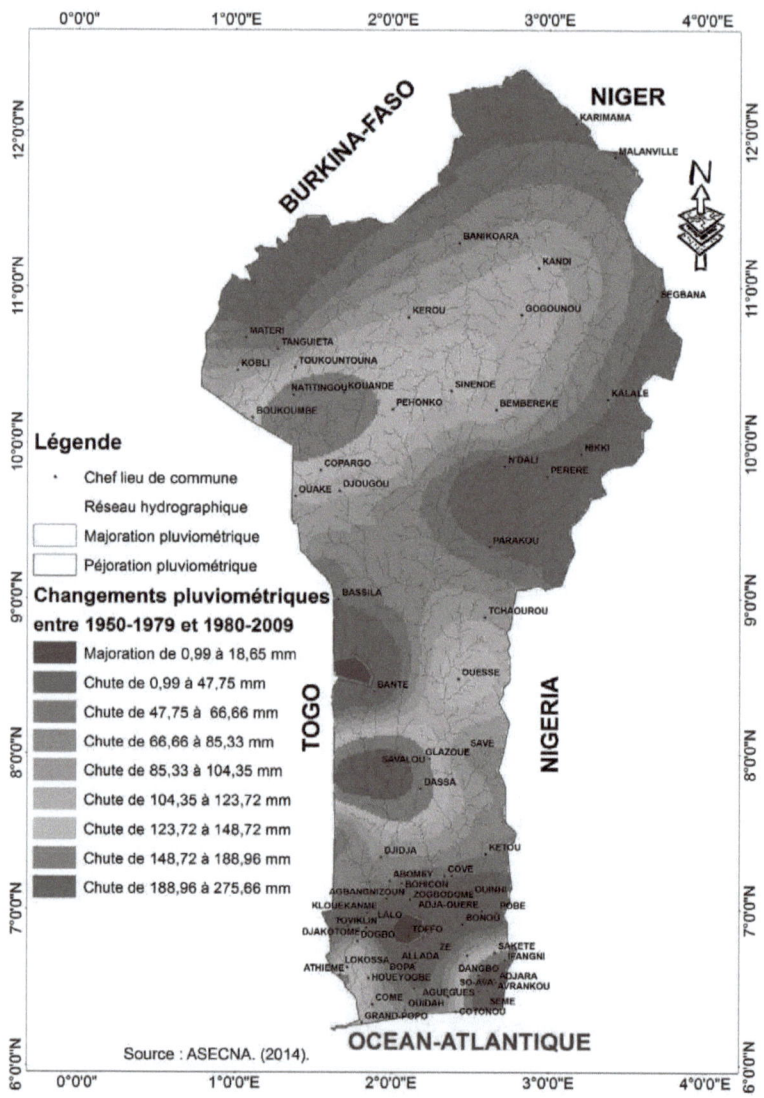

**Figure 20** : changements pluviométriques au Bénin

#### 4-2 Contraction de la saison pluvieuse et déficit climatique au Bénin

Le tableau v révèle l'existence d'une contraction de la saison pluvieuse au Bénin. Il existe un déficit pluviométrique en pleine saison pluvieuse à l'échelle nationale. Parallèlement le mois de mai subit un déficit pluviométrique au Nord Bénin en plein saison pluvieuse. Cette situation concourt à la contraction de la saison pluvieuse à l'échelle nationale.

**Tableau VII** : Contraction de la saison pluvieuse au Bénin (période : 1965-2009)

| Stations | Jan | Fév | Mar | Avr | Mai | Jui | Juil | Aou | Sep | Oct | Nov | Déc |
|---|---|---|---|---|---|---|---|---|---|---|---|---|
| | LE CLIMAT BENINIEN ET DECOUPAGE SAISONIER | | | | | | | | | | | |
| | GSS | | | GSP | | | PSS | | PSP | | | GSS |
| Cotonou | - | - | - | - | + | + | + | - | - | + | - | - |
| Bohicon | - | - | - | - | + | + | + | + | + | - | - | - |
| | LE CLIMAT SOUDANIEN ET DECOUPAGE SAISONIER | | | | | | | | | | | |
| | SS | | | SP | | | | | | SS | | |
| Savè | - | - | - | - | - | + | + | + | + | - | - | - |
| Parakou | - | - | - | - | - | + | + | + | + | - | - | - |
| Natitingou | - | - | - | - | - | + | + | + | + | - | - | - |
| Kandi | - | - | - | - | - | + | + | + | + | - | - | - |

- = bilan climatique déficitaire ; + = bilan climatique excédentaire
GSS : Grande Saison Sèche ; GSP : Grande Saison de pluie ; PSS : Petite Saison Sèche ; PSP
Petite Saison Pluvieuse ; SS : Saison Sèche ; SP : Saison Pluvieuse.

La figure 21 illustre le bilan climatique mensuel au Bénin.

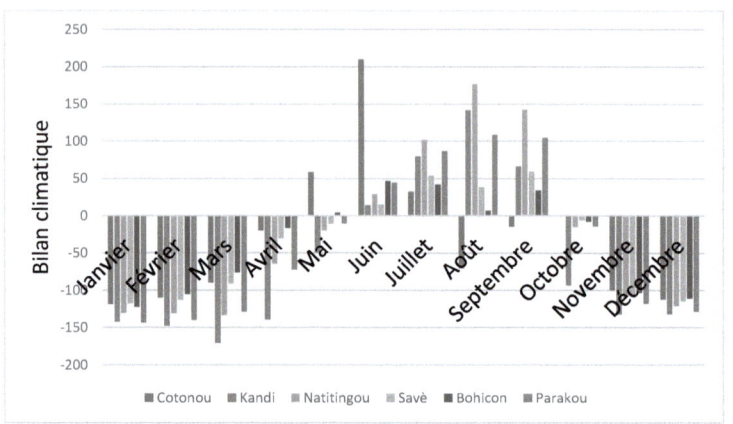

**Figure 21:** Bilan climatique mensuel au Bénin

- Le suivi sur 45 ans du bilan climatique du mois de Janvier au Bénin montre qu'il y a un déficit climatique sur toute l'étendue du territoire. Ce déficit est caractérisé par une inégale répartition du bilan climatique avec les déficits les plus élevés qui sont enregistrés surtout au Nord du pays. Par contre la portion du Bénin comprise entre la latitude de Savè et Cotonou présente les déficits les moins élevés (-117 à -125 mm) sur cette période. Le déficit enregistré au cours de cette période induit une forte péjoration pluviométrique à l'échelle nationale qui a un impact négatif sur la disponibilité et l'accessibilité aux ressources en eau surtout dans la partie septentrionale du pays.

- Le mois de Février est caractérisé par un bilan climatique déficitaire sur tout le Bénin avec une majoration dudit déficit dans la portion comprise entre Parakou et Kandi. Par contre de Bantè à Cotonou, le déficit est moins prononcé et varie de -112mm à -104mm. Cependant les déficits enregistrés au cours de ce mois entre Parakou et Cotonou sont inférieurs à ceux du mois précédent sauf dans les localités situées à l'extrême nord-est du pays où on assiste au contraire à une hausse du déficit climatique.

- Le mois de Mars est également marqué par un bilan climatique déficitaire à l'échelle nationale. Mais ce bilan déficitaire est très élevé dans l'extrême nord-est du Bénin où il n'a cessé de croitre depuis le mois de janvier. Aussi observe-t-on une continuité dans l'évolution décroissante du déficit dans les autres régions du pays notamment dans la portion comprise entre la localité de Savè et Cotonou.

- En Avril, on assiste à un déficit climatique nettement inférieur aux déficits enregistrés pendant les mois précédents. En effet le déficit est très faible au sud où le bilan climatique varie entre -32 à -11 mm dans la portion comprise entre Savè et Cotonou. Ainsi, Ce faible déficit enregistré au sud peut favoriser la venue des toutes premières pluies depuis le mois de janvier. Quant à la partie septentrionale du pays, on observe également une baisse du déficit, mais qui est relativement moins importante que la baisse enregistrée au sud du pays.

- Dans le mois de Mai, le bilan climatique est marqué d'une part par un faible régime excédentaire au sud et d'autre part par un faible régime déficitaire dans la portion comprise entre la latitude de Savè et Kandi.

- Dans le mois de juin, le bilan climatique du Bénin est marqué par une évolution à la hausse de son régime excédentaire qui s'est maintenu depuis le mois de Mai. Ce bilan est en effet généralement excédentaire sur l'ensemble du territoire avec la plus forte valeur qui est enregistrée au sud du pays où elle atteint 248,52 mm. Ainsi, les hauteurs de pluie de ce mois seront plus importantes que celles des mois précédents ayant connu un bilan climatique aussi excédentaire.

- Le mois de juillet est marqué par un bilan climatique excédentaire sur toute l'étendue du territoire avec des régimes variés dont les plus élevés sont enregistrés au nord du pays où ce bilan varie de 79,88 à 101,69 mm dans la portion comprise entre Parakou et Kandi. En effet, le nord connait depuis le mois de Mai une évolution positive de son bilan climatique qui s'est maintenu jusqu'au mois de juillet. Cependant le bilan climatique du sud connait une baisse de son régime en ce mois. Ainsi donc, la pluviosité sera moins abondante au mois de juillet tandis qu'elle sera renforcée dans le nord du pays.

- Au cours du mois d'Août, le bilan climatique du Bénin présente d'une part une valeur excédentaire au nord qui est comprise entre 97,02 à 178,5mm et d'autre part une valeur déficitaire au sud qui varie de -37,42 à -111,14 mm. Il apparait donc que le nord connait encore une augmentation de son régime pluviométrique tandis qu'on enregistre au sud une baisse du bilan climatique qui peut se traduire par une diminution considérable de la lame d'eau précipitée.

- Le mois de septembre est aussi caractérisé par une inégale répartition du bilan climatique. En effet, le bilan climatique est excédentaire au Nord tandis qu'au sud on note un bilan plus ou moins négatif. Cependant le faible déficit climatique enregistré en septembre au sud peut permettre d'avoir quelques précipitations tandis que le nord du pays pourra toujours bénéficier d'une importante pluviosité.

- Le mois d'octobre présente un déficit relativement faible sur toute l'étendue du territoire avec une inégale répartition des valeurs. En effet, le sud du pays présente les déficits les plus faibles qui varient de 4,37 à -17,39 mm. Le faible déficit enregistré en ce mois peut entrainer une faible pluviosité dans le sud tandis que dans le nord connaitra une baisse rapide de régime pluviométrique.

- Le bilan climatique du mois de novembre est marqué par une évolution rapide à la hausse du faible déficit climatique du mois d'octobre. Il en résulte d'une part l'arrêt de la période de pluie avec d'autre part l'installation des contraintes liées au manque de pluviosité.

- Le bilan climatique du mois de Décembre est aussi marqué par un déficit à l'échelle nationale dont les valeurs sont légèrement au-dessus aux valeurs enregistrées dans le mois de septembre.

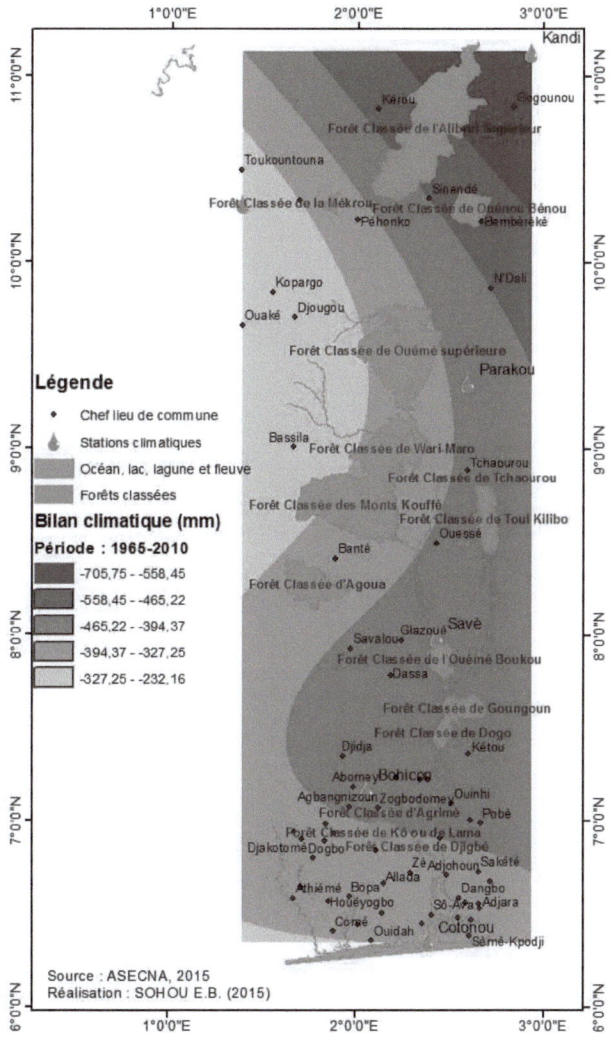

**Figure 22** : Répartition spatiale du bilan climatique au Bénin

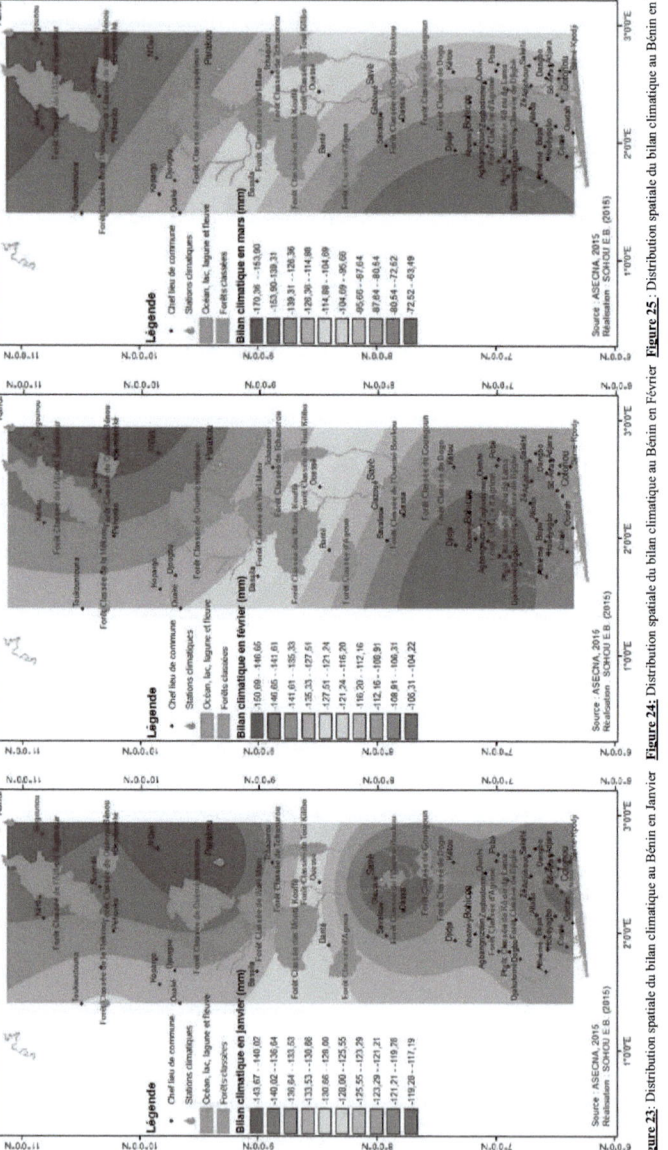

**Figure 23:** Distribution spatiale du bilan climatique au Bénin en Janvier   **Figure 24:** Distribution spatiale du bilan climatique au Bénin en Février   **Figure 25:** Distribution spatiale du bilan climatique au Bénin en Mars

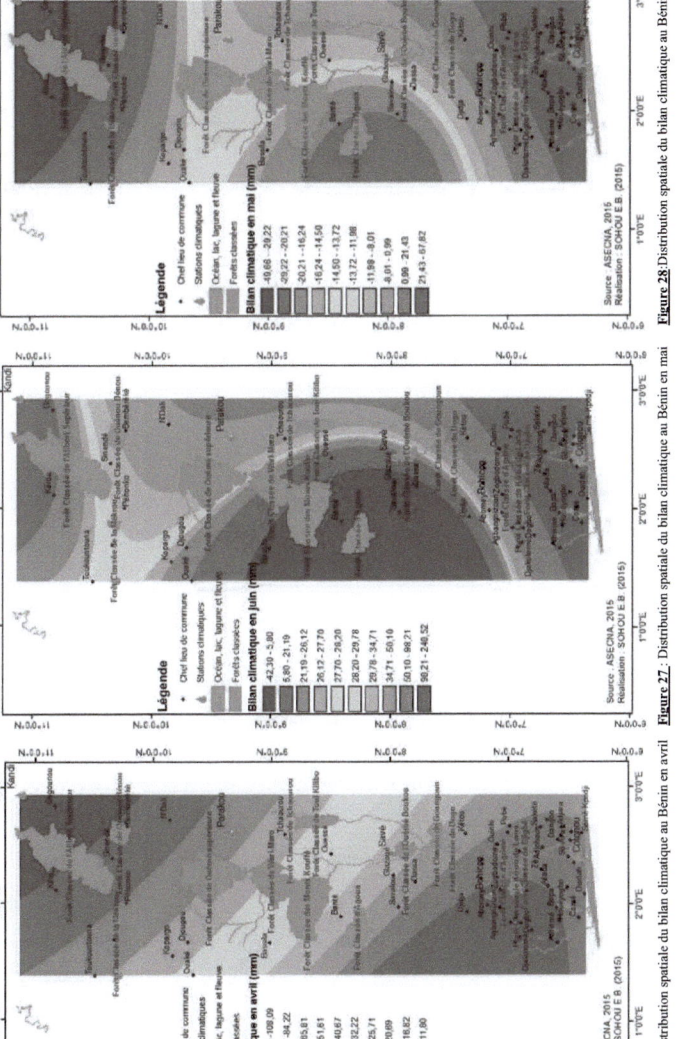

**Figure 26**: Distribution spatiale du bilan climatique au Bénin en avril

**Figure 27** : Distribution spatiale du bilan climatique au Bénin en mai

**Figure 28** : Distribution spatiale du bilan climatique au Bénin en Juin

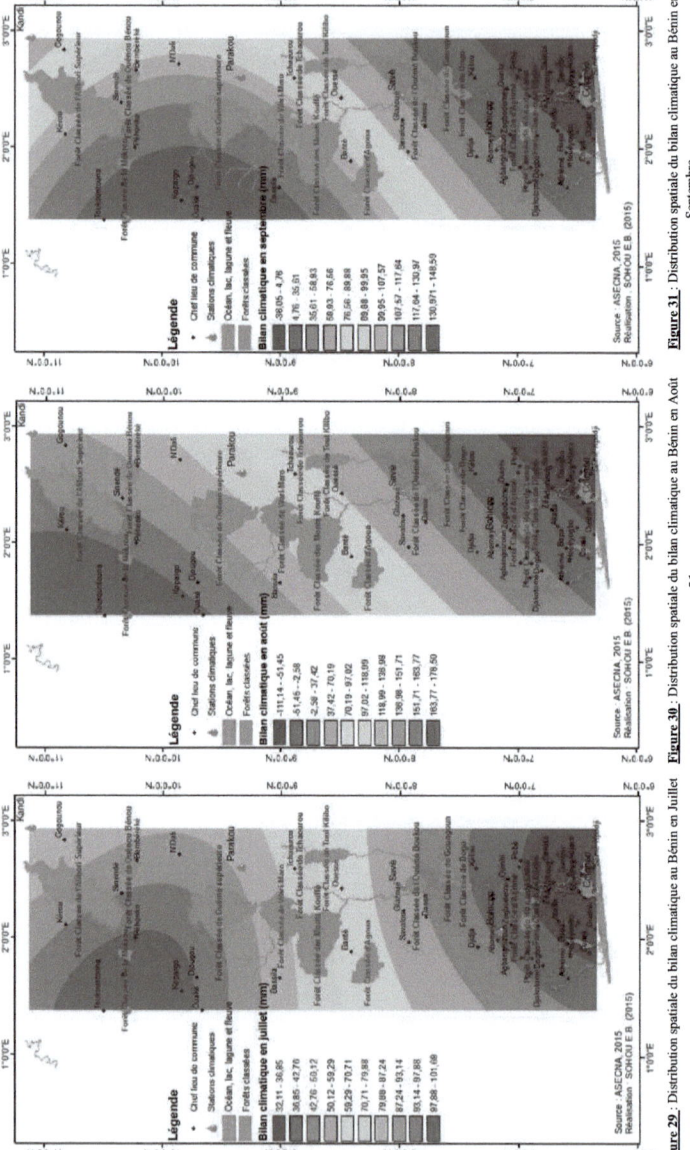

**Figure 29** : Distribution spatiale du bilan climatique au Bénin en Juillet

**Figure 30** : Distribution spatiale du bilan climatique au Bénin en Août

**Figure 31** : Distribution spatiale du bilan climatique au Bénin en Septembre

51

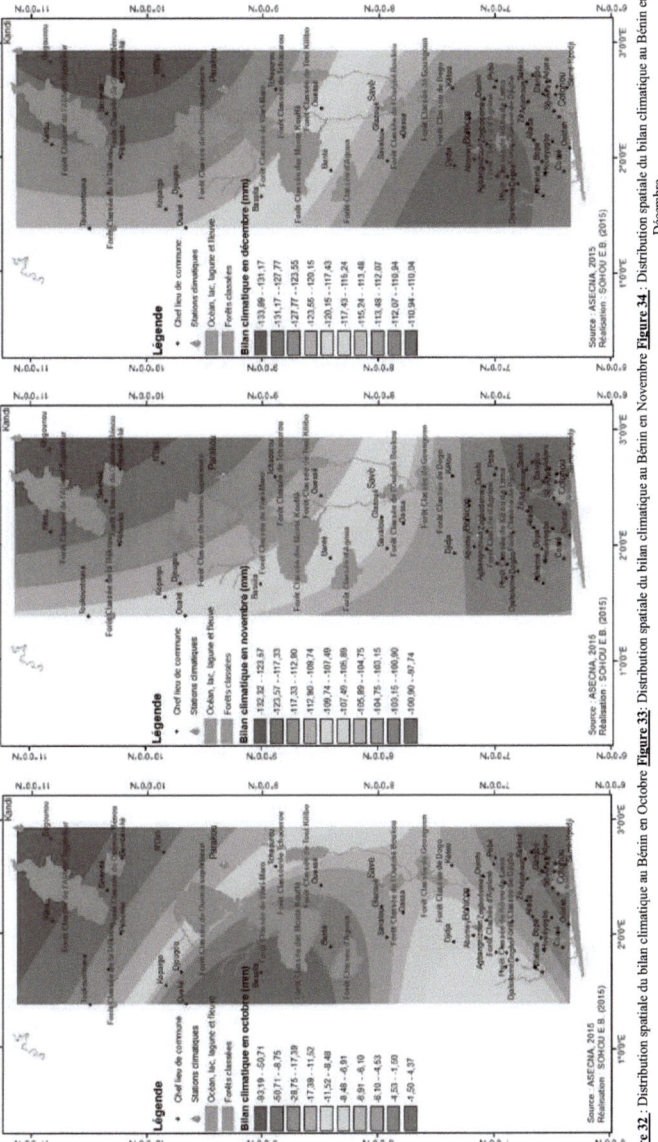

**Figure 32** : Distribution spatiale du bilan climatique au Bénin en Octobre **Figure 33**: Distribution spatiale du bilan climatique au Bénin en Novembre **Figure 34** : Distribution spatiale du bilan climatique au Bénin en Décembre

**4-3 Augmentation temporelle et distribution spatiale de la température atmosphérique au Bénin**

La majoration thermique au Bénin se caractérise par une inégale distribution spatiale dans le gradient Nord-Est/Sud-Ouest. Courant les années 1970-2009, l'ensemble du territoire national a subit une hausse sensible et généralisée de la température atmosphérique. Kandi et Cotonou ont connu le plus faible gradient thermique (0,5°C à 0,85°C). Par contre, les portions du Bénin comprise entre la latitude de Glazoué et Parakou sont les plus exposées à la hausse thermique (1°C et 1,47°C). Cette situation explique les feux de végétation dument constatés au centre-Bénin en saison sèche qui sont sous la commande de l'assèchement rapide et généralisé du couvert végétal dû à l'élévation thermique (le cas de la forêt des monts Kouffés qui est la forêt classée ayant plus pris feux en décembre 2013 au Bénin). Le suivi sur 40ans de la température atmosphérique révèle que le centre-Bénin est la région du Bénin la plus exposée aux majorations thermiques.

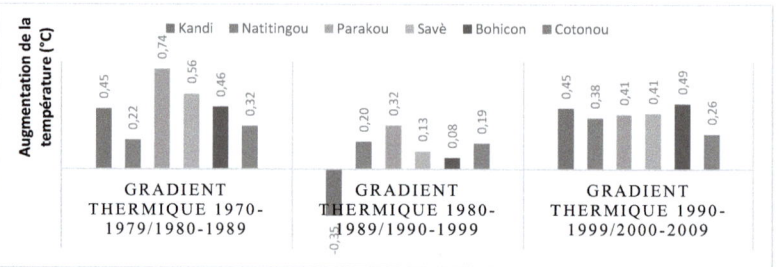

**Figure 35** : Gradient thermique au Bénin de 1970 à 2009

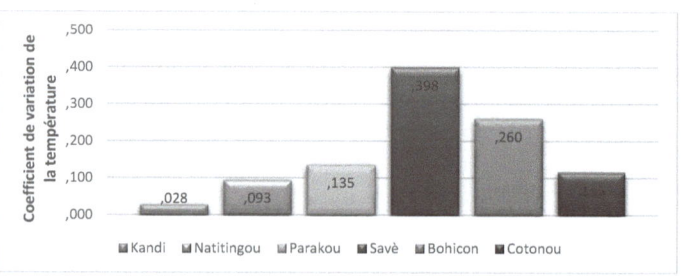

**Figure 36** : Coefficient de variation thermique du Nord au Sud-Bénin

**4-4 Conséquence de l'aridité : feux de végétation et dégradation de la santé du couvert végétal**

Au cours des 50 dernières années, le Bénin à l'instar des autres pays de l'Afrique de l'Ouest connait une variation de sa pluviométrie. Cette variabilité climatique se traduit par un déficit pluviométrique à l'échelle nationale, affectant les ressources hydrologiques et engendrant une réduction des espaces forestiers.

En effet en conséquence à la péjoration pluviométrique, l'activité végétale cannait une importante baisse surtout dans la partie septentrionale et au centre du pays. Cette péjoration qui touche beaucoup plus le Nord et le centre du pays entraine une diminution des ressources en eau disponible augmentant la sensibilité du couvert végétal aux feux de végétation. Il n'est souvent pas rare de constater effectivement dans ces zones de déficit pluviométriques une augmentation des incendies de végétation sèche. Au centre du pays, les valeurs du NDVI sont les plus faibles ce qui témoigne de l'activité réduite des formations végétales.

Les feux de végétation observés au Nord et et au centre du Bénin ont un impact sur l'environnement et sont pour la plupart d'origine anthropique du fait qu'ils sont utilisés par les communautés humaines pour la transformation des espaces forestiers en espaces agricoles.

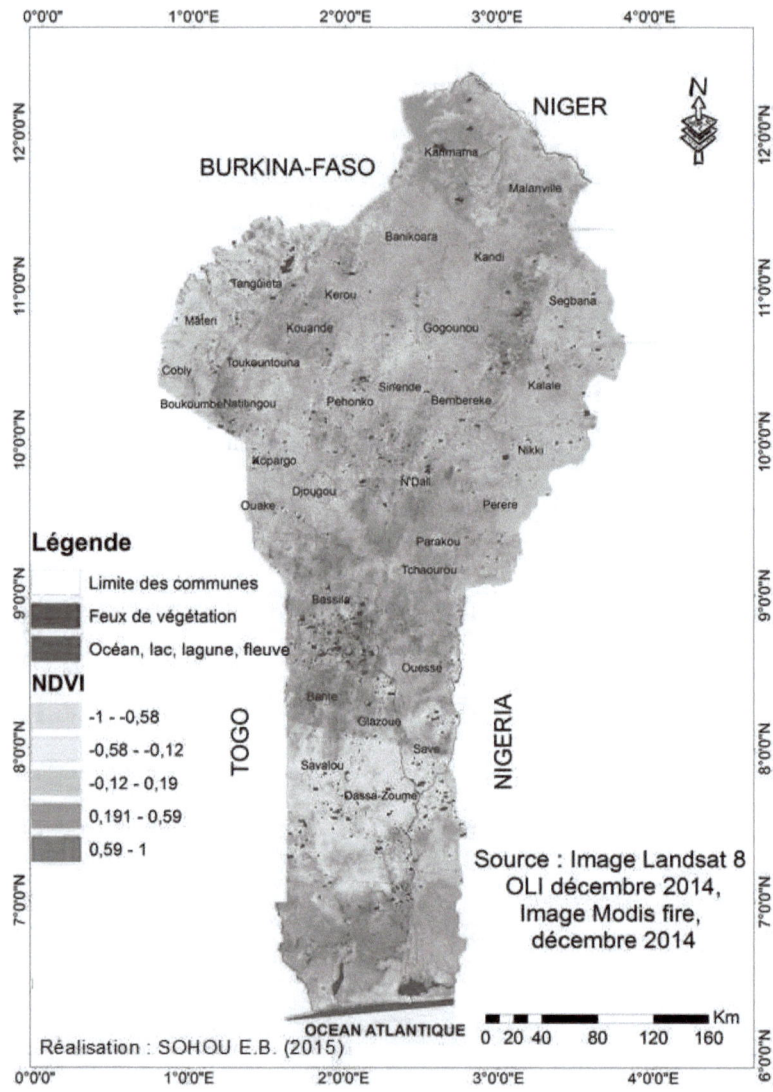

**Figure 37** : feux de végétation et santé du couvert végétal au Bénin

**Chapitre V** : Occupation du sol et dégradation du couvert végétal

**5-1 Occupation du sol**

**5-1-1 Images satellitaires traitées**

**• Composites 7-4-2 et 1-4-7 de la scène**

Les images suivantes présentent les compositions colorées de type 1-4-7 et 7-4-2 de la

scène satellitaire Landsat (Path 192, Row 54), aux années 1990, 2000, et 2010

La combinaison en composite 1-4-7 (1990, 2000 et 2010) des figures 38, 40 et 42 révèle

clairement les phénomènes pédologiques, et litho-structuraux par la forte réflectance. Les sols

dénudés se matérialisent ici en rose clair et foncée. Cette combinaison apporte des informations

sur le stress hydrique par la réflectance au vert clair. Quant à la combinaison en composite 7-4-

2 (1990, 2000, et 2010), des figures 39, 41 et 43 elle est adaptée à l'étude de la végétation et de

l'eau. En effet, l'eau est ici représentée en bleue foncée, tandis que la végétation dense est en

vert foncé. Le mosaïquage des deux composites permis ainsi d'étudier à la fois le sol, l'eau et

la végétation, qui sont les éléments essentiels dans la présente étude.

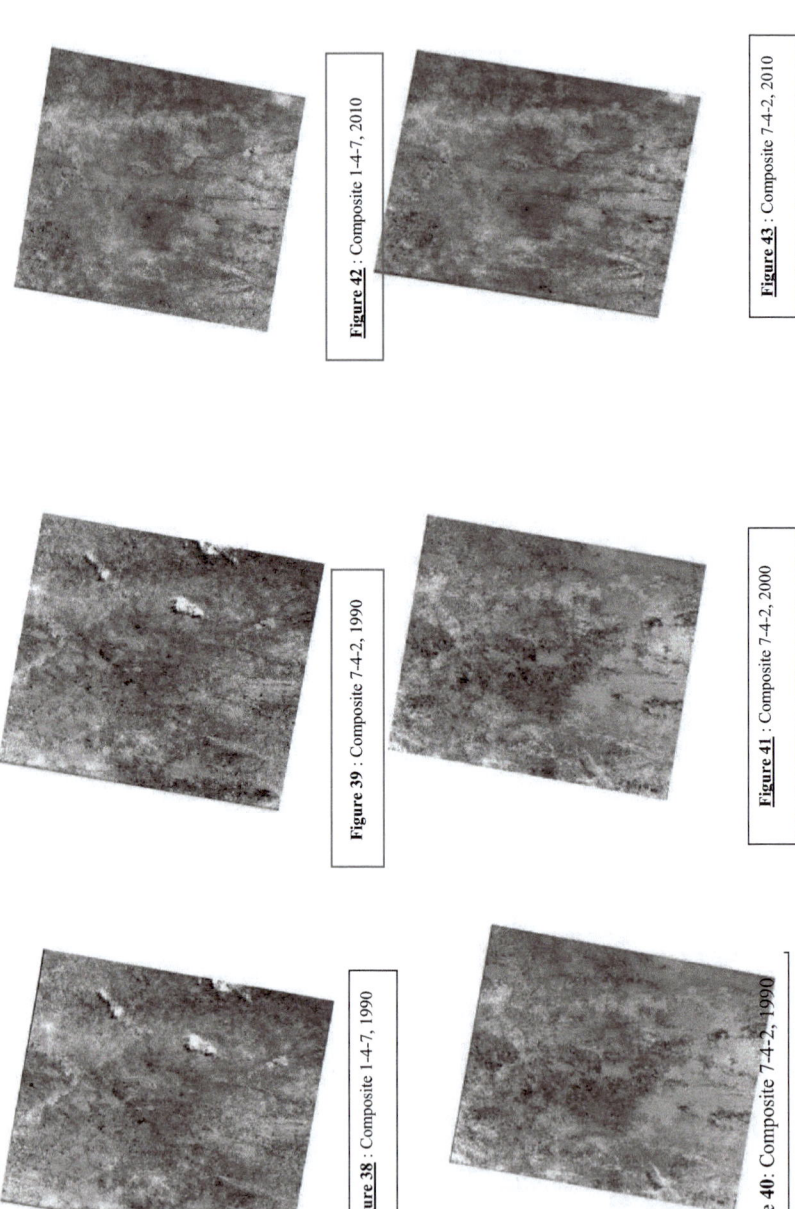

**Figure 42** : Composite 1-4-7, 2010

**Figure 43** : Composite 7-4-2, 2010

**Figure 39** : Composite 7-4-2, 1990

**Figure 41** : Composite 7-4-2, 2000

**Figure 38** : Composite 1-4-7, 1990

**Figure 40**: Composite 7-4-2, 1990

**• Composites découpés**

Dans le but d'obtenir une image délimitée de la forêt classée d'Agoua, une extraction par découpage géo-référencée a été mise en oeuvre. Les images découpées suivantes ont été obtenues :

**Figure 44 :** Image Agoua 1-4-7, 1990

**Figure 45 :** Image Agoua7-4-2, 1990

**Figure 46** : Image Agoua 1-4-7, 2000

**Figure 47**: Image Agoua 7-4-2, 2000

| **Figure 48** : Image Agoua 1-4-7, 2010 | **Figure 49** : Image Agoua 7-4-2, 2010 |

Les figures 44, 46 et 48 révèlent clairement les sols dénudés en rose foncé, tandis que les agglomérations sont en rose clair. Quant aux figures 45, 47 et 49, les couleurs vert claires matérialisent le couvert végétal en croissance et les savanes herbeuses, tandis que la forêt dense est ici en vert foncé, et les plans d'eau sont en bleu.

- **Images traitées en composantes principales**

Pour mieux décoder l'image et limiter les confusions spatiales, a été procéder un traitement en composantes principales d'image. L'analyse en composante principale d'image a été réalisée sur chacune des images extraites, et les résultats issus de ce traitement d'image ont servi de guide à la classification supervisée.

Matrices de confusions

Les valeurs en diagonale indiquent le pourcentage de pixels bien classés pour chaque unité d'occupation du sol.

Le rapport de la somme des pixels bien classés sur le total de pixels utilisés dans la classification nous donne le pourcentage de classification global qui est de l'ordre de 92,43 % pour l'image de 1990, 87,49 % pour l'image de 2000 et 90,12 % pour l'image de 2010.

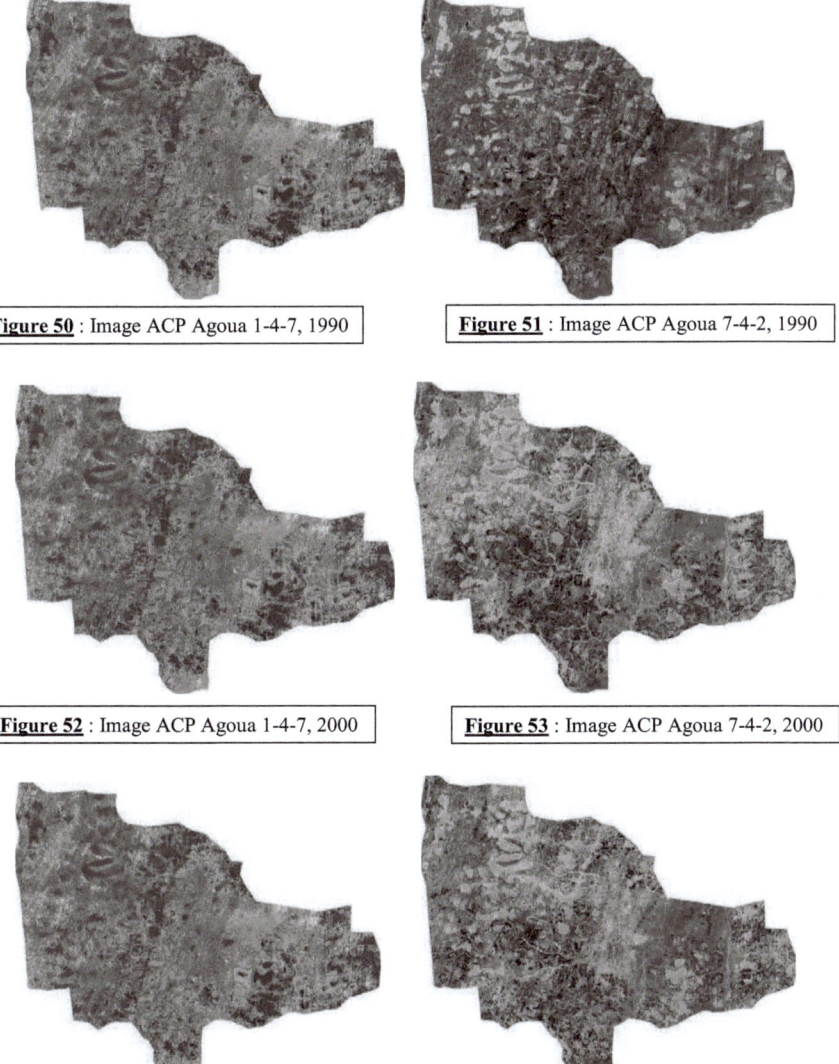

**Figure 50** : Image ACP Agoua 1-4-7, 1990

**Figure 51** : Image ACP Agoua 7-4-2, 1990

**Figure 52** : Image ACP Agoua 1-4-7, 2000

**Figure 53** : Image ACP Agoua 7-4-2, 2000

**Figure 54** : Image ACP Agoua 1-4-7, 2010

**Figure 55** : Image ACP Agoua 7-4-2, 2010

Les figures 50, 52 et 54 révèlent les composantes principales des informations liées au sol, à la géologie et aux agglomérations, tandis que les figures 51, 53 et 55 présentent les composantes principales des informations liées à la végétation et à l'eau.

### 5-1-1 Matrices de confusions

Les valeurs en diagonale indiquent le pourcentage de pixels bien classés pour chaque unité d'occupation du sol.

Le rapport de la somme des pixels bien classés sur le total de pixels utilisés dans la classification nous donne le pourcentage de classification global qui est de l'ordre de 92,43 % pour l'image de 1990, 87,49 % pour l'image de 2000 et 90,12 % pour l'image de 2010.

Les tableaux suivants présentent la matrice de confusion des classifications en 1990, 2000, et 2010.

**Tableau VIII :** Matrice de confusion de la classification de 1990

|  | Forêt claire | Forêt dense | Savane arborée et arbustive | Savane herbeuse | Sols dénudés |
|---|---|---|---|---|---|
| Forêt claire | 92,73 | 4,12 | 1,17 | 0 | 0 |
| Forêt dense | 5,45 | 82,35 | 12,73 | 0 | 0 |
| Savane arborée et arbustive | 1,82 | 13,53 | 82,71 | 96,78 | 0 |
| Savane herbeuse | 0 | 0 | 0 | 100 | 0 |
| Sols dénudés | 0 | 0 | 0 | 0 | 100 |

La précision globale est de 92,43 %, alors il existe peu de confusion dans les classes lors de la classification.

Les unités d'occupations ont donc été bien identifiées lors de la classification, et les résultats de classification sont représentatifs de la réalité de terrain.

**Tableau IX** : Matrice de confusion de la classification de 2000

| | Forêt claire | Forêt dense | Savane arborée et arbustive | Savane herbeuse | Sols dénudés |
|---|---|---|---|---|---|
| Forêt claire | 78,26 | 1,4 | 13,77 | 0,74 | 0 |
| Forêt dense | 14,13 | 82 | 0,4 | 0 | 0 |
| Savane arborée et arbustive | 3,26 | 1,6 | 73,28 | 7,89 | 0 |
| Savane herbeuse | 4,35 | 0 | 12,55 | 91,38 | 0 |
| Sols dénudés | 0 | 0 | 0 | 0 | 100 |

La précision globale de la classification en 2000 est de 87,49 %. Alors il existe peu de confusion entre les classes lors de la classification. Alors les unités d'occupation pour l'année 2000 ont été bien distinguées.

**Tableau X** : Matrice de confusion de la classification de 2010

| | Forêt claire | Forêt dense | Savane arborée et arbustive | Savane herbeuse | Sols dénudés |
|---|---|---|---|---|---|
| Forêt claire | 91,63 | 4,12 | 1,17 | 0 | 0 |
| Forêt dense | 5,45 | 70 | 12,73 | 0 | 0 |
| Savane arborée et arbustive | 0,82 | 13,53 | 80 | 95 | 0 |
| Savane herbeuse | 0 | 0 | 0 | 100 | 0 |
| Sols dénudés | 0 | 0 | 0 | 0 | 100 |

La précision globale est de 90,12 %. Alors la classification de l'image pour l'année 2010 est avec peu de confusion.

**5-1-2   État de la forêt classée d'Agoua en 1990, 2000 et 2010**

**5-1-3-1 État de la forêt classée d'Agoua en 1990**

En 1990, l'occupation des terres dans la forêt classée d'Agoua était composée de forêt dense, de savane arborée, de savane arborée et arbustive de forêt claire et des sols dénudés. La figure suivante présente l'occupation du sol dans la forêt classée d'Agoua en 1990.

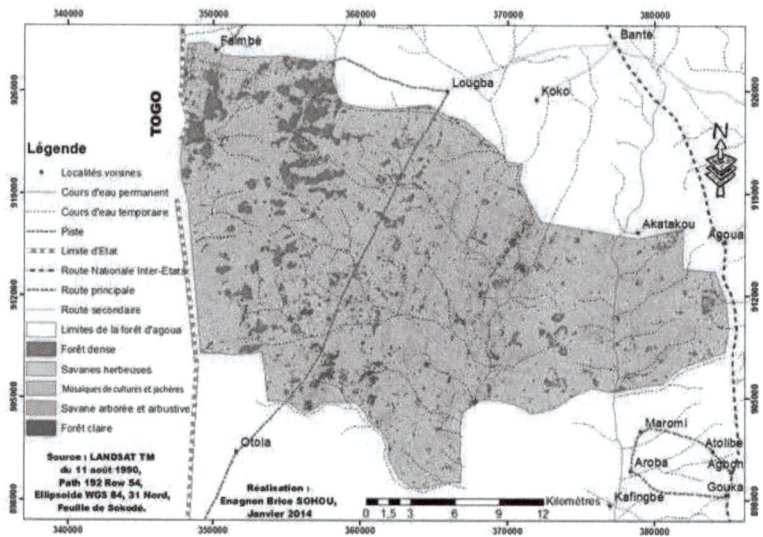

**Figure 56** : Occupation du sol en 1990

L'analyse de cette figure révèle qu'en 1990, le Nord-Ouest de la forêt classée d'Agoua est en grande partie recouvert par une savane herbeuse. En outre on retrouve dans cette partie de la forêt la plus forte concentration de forêt dense. Aussi en cette même année, les savanes arborées et arbustives sont majoritairement réparties dans la partie centrale de la forêt et c'est dans cette zone que l'on observe le plus les sols dénudés tandis que les rares forêts claires se retrouvent au Sud.

Le tableau suivant présente les données de superficies de ces différentes unités d'occupation en 1990.

**Tableau XI** : Superficie et pourcentage des unités d'occupation du sol dans la forêt classée d'Agoua en 1990

|  | Superficie (ha) | Pourcentage |
|---|---|---|
| Forêt dense | 18129,7803 | 28.53 |
| Savane arborée et arbustive | 7715,2137 | 12.13 |
| Forêt claire | 9110,3384 | 14.33 |
| Savane herbeuse | 7834,999 | 12.33 |
| Mosaïque de cultures et jachères | 20764,4258 | 32.67 |
| **Total** | 63554,7572 | 100 |

63

Le **tableau XI** permet de retenir qu'en 1990, les unités d'occupations sont constituées de 28,53 % de forêt dense, contre 12,13 % de savane arborée et arbustive, 14,33 % de forêt claire, 12,33 % de savane herbeuse et 32,67 % de sols dénudés. Alors l'arrangement dans l'ordre décroissant des unités d'occupation en 1990 (suivant la proportion spatiale) est : sols dénudés, forêt dense, forêt claire, savane herbeuse, et savane arborée/arbustive.

### 5-1-3-2 État de la forêt classée d'Agoua en 2000

En 2000, l'occupation des terres dans la forêt classée d'Agoua est marquée par une forte extension de la superficie occupée par la forêt dense qui est relativement supérieur à la superficie occupée en 1990. En effet pendant cette année, il y eu une forte modification dans la distribution spatiale des unités d'occupation comparativement à l'année 1990. La figure suivante présente l'occupation du sol dans la forêt classée d'Agoua en 2000.

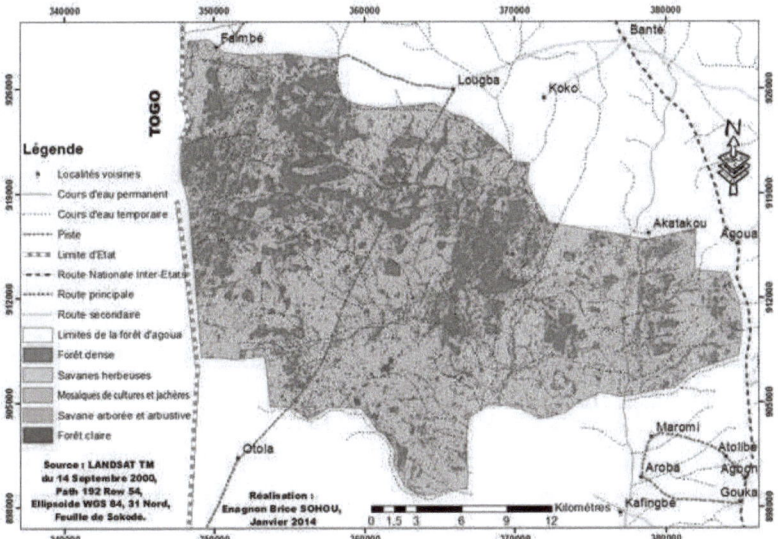

**Figure 57** : Occupation du sol en 2000

De l'analyse de cette figure, il apparait qu'en 2000, l'extension spatiale de la forêt dense est non seulement marquée au Nord-Ouest, mais aussi au centre et à l'Est de la forêt. Selon cette figure, Le profil de cette nouvelle étendue spatiale est marqué par une humidité plus importante du sol, qui doit s'expliquer par la pluviométrie à la hausse et d'autre facteur.

Cette situation a donné place à une prolifération des savanes herbeuses et une forêt claire plus étendue. Le dénuement des sols a régressé pour laisser place à des savanes herbeuses. Les savanes arborées et arbustives ont connu cette année, toutes les conditions favorables à leur développement. C'est l'année de la végétation verdoyante.

Le tableau suivant présente les données de superficies en 2000.

**Tableau XII**: Superficie et pourcentage des unités d'occupation du sol dans la forêt classée d'Agoua en 2000

|  | Superficie (ha) | Pourcentage |
|---|---|---|
| Forêt dense | 19488,6364 | 30.66 |
| Savane arborée et arbustive | 8380,2873 | 13.19 |
| Forêt claire | 10357,0589 | 16.29 |
| Savane herbeuse | 8908,7464 | 14.02 |
| Mosaïque de cultures et jachères | 16420,3882 | 25.84 |
| **Total** | 63555,1172 | 100 |

L'analyse du tableau XII indique que, en 2000, la forêt dense a la plus forte proportion des unités d'occupation qui est de 30,66 %. Le rebond s'observe sur toute la couverture végétale, avec 13,19 % pour la savane arborée/arbustive, 16,29 % pour la forêt claire et 14,02 % pour la savane herbeuse. La proportion des sols dénudés a régressé et est désormais de 25,84 %, à cause de la savane herbeuse qui a pris plus de place et de la végétation plus verdoyante.

**5-1-3-3 État de la forêt classée d'Agoua en 2010**

En 2010, la figure 58 matérialise un dénuement très important du sol et une régression spatiale généralisée de toute la couverture végétale au sein de la forêt classée d'Agoua. Le sud de la forêt classée d'Agoua est désormais sous la dominance d'une forêt claire. Cette dégradation localisée du couvert végétal pose de questionnement les contraintes naturelles et pressions anthropiques.

Les forêts denses ont repris d'élan au Nord-Ouest. Cette oscillation de la densité spatiale des forêts denses au Nord-Ouest de la présente forêt, exhibe l'hypothèse d'une variabilité des facteurs déterminants la qualité du couvert végétal, dont la pluviométrie d'une période à une autre.

La figure suivante présente l'occupation du sol dans la forêt classée d'Agoua en 2010.

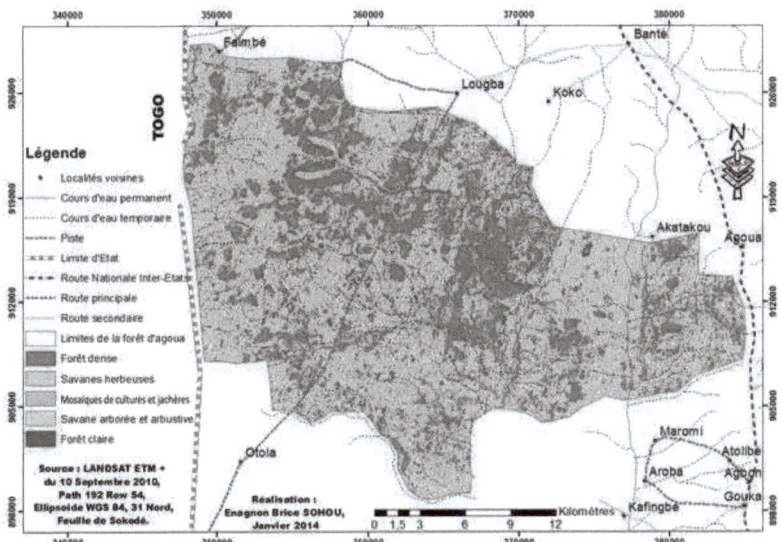

**Figure 58** : Occupation du sol en 2010

Le tableau suivant présente les données de superficies en 2010.

**Tableau XIII** : Superficie et pourcentage des unités d'occupation du sol dans la forêt classée d'Agoua en 2010

|  | Superficie (ha) | Pourcentage |
|---|---|---|
| Forêt dense | 18988,1663 | 29.91 |
| Savane arborée et arbustive | 7856,1482 | 12.38 |
| Forêt claire | 9893,5773 | 15.59 |
| Savane herbeuse | 8469,2938 | 13.34 |
| Mosaïque de culture et jachère | 18268,3748 | 28.78 |
| **Total** | 63475,5604 | 100 |

En 2010, d'après le tableau XIII, la forêt dense occupe 29,91 %, la savane arborée et (12,38 %) ; la forêt claire (15,59 %) ; la savane herbeuse (13,34 %) ; les sols dénudés (28,78 %). Les trois tableaux précédemment décrits confirment que la dégradation du couvert végétal est objet d'une dynamique spatiale et temporelle du couvert végétal dans la forêt classée d'Agoua.

**5-1-3-4 Dynamique spatio-temporelle des unités d'occupation**

L'analyse de la dynamique spatio-temporelle des unités d'occupation du sol s'est faite sur la base des statistiques précédemment établies à partir des cartes d'occupation des années 1990, 2000 et 2014.

Le tableau suivant matérialise la variation des unités d'occupation de 1990 à 2010.

**Tableau XIV** : Variation temporelle des unités d'occupation du sol dans la forêt classée d'Agoua de 1990 à 2010

| Année | Forêt dense | Savane arborée et arbustive | Forêt claire | Savane herbeuse | Mosaïque de cultures et jachères |
|---|---|---|---|---|---|
| 1990 | 18129,7803 | 7715,2137 | 9110,3384 | 7834,999 | 20764,4258 |
| 2000 | 19488,6364 | 8380,2873 | 10357,0589 | 8908,7464 | 16420,3882 |
| 2010 | 18988,1663 | 7856,1482 | 9893,5773 | 8469,2938 | 18268,3748 |
| Variations 1990 à 2000 (1990 - 2000) | 1358,8561 | 665,0736 | 1246,7205 | 1073,7474 | -4344,0376 |
| Variations 2000 à 2010 (2000- 2010) | -500,4701 | -524,1391 | -463,4816 | -439,4526 | 1847,9866 |

.

Remarques: le signe négatif (-) signifie qu'il y a régression, le signe positif (+) signifie qu'il y augmentation.

L'analyse statistique de ces données relève de profonds bouleversements dans l'occupation du sol depuis les années 1990 à 2010. Les résultats de cette étude révèlent que le paysage était dominé en 1990 par les forêts denses et les mosaïques de cultures et jachères avec des proportions respectives de 28.53 et 32,67% tandis que les savanes arborées et arbustives, les forêts claires et les savanes herbeuses n'occupent qu'une seconde place avec des pourcentages respectifs de 12.13; 14.33 et 12.33 %. Dix ans après, on constate une nette modification de la structure du paysage observée en 1990. En effet pendant l'an 2000, on assiste à une extension des formations naturelles dont le taux d'accroissement pour la période allant de 1990 à 2000 est de 7,5% pour la forêt dense et de 8,62% pour la savane arborée et arbustive. Quant à la forêt claire et la savane herbeuse, leur occupation du paysage est passée respectivement de 14.33 à 16,29% et de 12.33 à 14,2% soit un taux d'accroissement de 13,68 et 13,70%. Cependant le taux d'occupation du sol pour les mosaïques de culture et jachères est tombé de 32,67% à 25,84% soit un taux de régression de 20,92%. De façon générale, il apparait que l'an 2000 est pour la forêt classée d'Agoua une année de croissance des formations naturelles et de régression des zones de mosaïques de cultures et jachères ce qui peut s'expliquer d'une part par un abandon des champs et d'autre part par une régénérescence du couvert végétal et une humidité plus importante du sol. En effet il s'agit d'une période où les activités anthropiques et les contraintes climatiques ont peu dégradé le couvert végétal.

Cependant, selon ce même tableau, le phénomène contraire est observé durant les années 2000 à 2010 où, les formations naturelles ont connu une disparité notable. En effet en 2010, les formations naturelles retrouvées dans la forêt classée d'Agoua ont connu une régression de leurs aires d'occupation comparativement à l'année 2000. Pendant ce même temps, les zones de mosaïques de cultures et de jachères ont connu une augmentation de leur superficie. Ainsi des modifications sont survenues sur les formations végétales dont les superficies sont passées de 47134,729 en 2000 à 45207,1856 hectares en 2010. Les surfaces agricoles ont quant à elles enregistré une augmentation d'environ 1848 hectares.

Photo 1: Destruction des arbres pour la production de riz dans la forêt classée d'Agoua

Photo 2: Butte d'igname dans la dans la forêt classée d'Agoua

**Planche 1 : Zone de culture dans la forêt classée d'Agoua :** *Le développement des mosaïques de cultures et de jachère a transformé le paysage dans la forêt d'Agoua et contribue à la dégradation de la forêt.*

## 5-2 Dégradation du couvert végétal

### 5-2-1 Caractérisation spatiale des NDVI en 1990, 2000, et 2010

Dans cette section, nous proposons une étude de la variabilité spatiale et temporelle du couvert végétal à travers l'indice de végétation NDVI des années 1990, 2000 et 2010.

En 1990, selon la figure 59, les NDVI les plus élevés [0,38 ; 1] sont majoritairement répartis au Nord-Ouest de la forêt classée d'Agoua. Plus on tend vers l'Est de la forêt (la même période), plus en rencontre les NDVI de valeurs négatives comprises dans l'intervalle [-1 ; -0.34]. La densité chlorophyllienne sur le paysage forestier et la santé de la végétation sont donc fortement menacées à l'Est de la forêt d'Agoua en 1990.

Dès 2000 (figure 60), l'intervalle le plus faible des NDVI a augmenté est désormais de comprise entre [-1 ; -0,33] au Sud et au Nord-Est, de même que l'intervalle des NDVI élevés qui est maintenant [0,48 ; 1].

La densité chlorophyllienne sur le paysage forestier et la santé de la végétation se sont donc nettement améliorées en 2000, mais l'Est et le Sud de la forêt d'Agoua sont toujours sous menace chlorophyllienne en 2000.

En 2010 (figure 61), les NDVI les plus faibles ont connus leurs plus faibles valeurs et sont désormais dans l'intervalle [-1 ; -0,5] au Sud et au Nord-Est. En cette même année, les NDVI les plus élevés ont régressé est sont désormais dans l'intervalle [0,36 ; 1]. L'année 2010 est donc l'année de la végétation malade et de la densité chlorophyllienne la plus faible sur le paysage.

Les figures 59, 60 et 61 révèlent la distribution spatiale des NDVI, respectivement en 1990, 2000 et 2010.

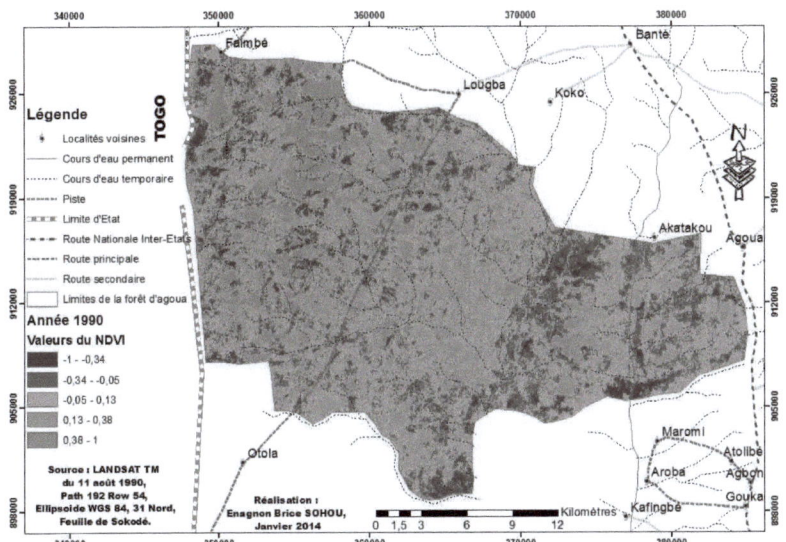

**Figure 59** : Répartition spatiale des NDVI en 1990

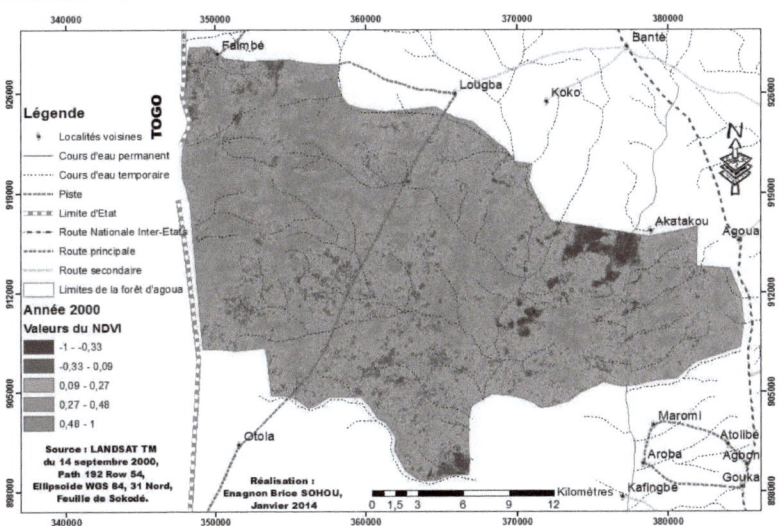

**Figure 60** : Répartition spatiale des NDVI en 2000

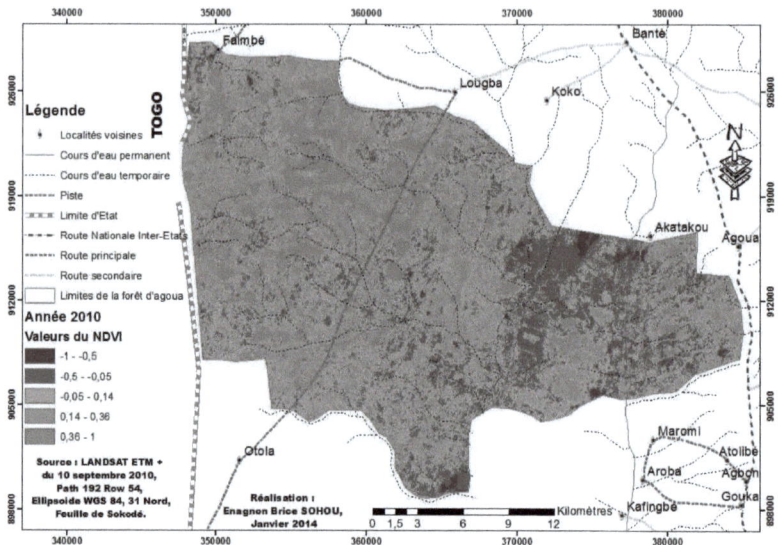

**Figure 61** : Répartition spatiale des NDVI en 2010

**5-2-2 Agrégats, et structure spatiale du couvert végétal**

La figure 62 révèle qu'en 1990, les agrégats du couvert végétal les plus importants se retrouvent au Nord-Ouest de la forêt classée d'Agoua. La portion Est de la forêt est la plus fragmentée avec les plus faibles indices d'agrégation.

En 2000, selon la figure 63, la fragmentation s'est accentuée suivant un gradient Est-Ouest et est plus prononcée au Sud de la forêt. On observe une diminution de l'étendue spatiale des agrégations fortes. Plus on tend vers la piste qui longe la portion centrale de la forêt classée d'Agoua, plus on rencontre les fortes fragmentations et les faibles agrégats.

Dès 2010 (figure 64), les agrégats ont plus diminué pour donner place à d'énormes fragmentations dans le gradient Est-Ouest. Il s'agit de l'année où les indices d'agrégations ont le plus régressé avec l'intervalle le plus faible qui est [0 ; 10] contre [0 ; 13] en 2000 et [0 ; 15] en 1990. Cette situation porte d'énormes préjudices sur la structure spatiale du couvert végétal dans la forêt classée d'Agoua.

Les figures 62, 63 et 64 matérialisent la répartition spatiale des indices d'agrégation en 1990, 2000 et 2010 dans la forêt classée d'Agoua.

71

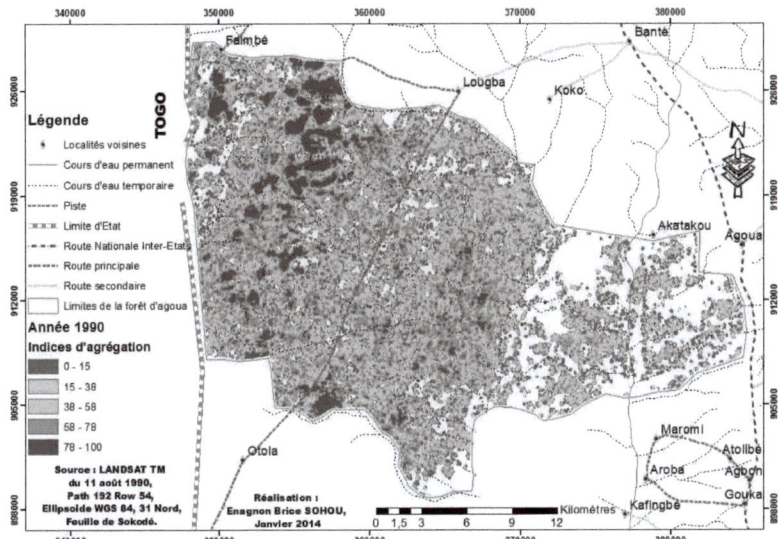

**Figure 62** : Répartition spatiale des indices d'agrégation en 1990

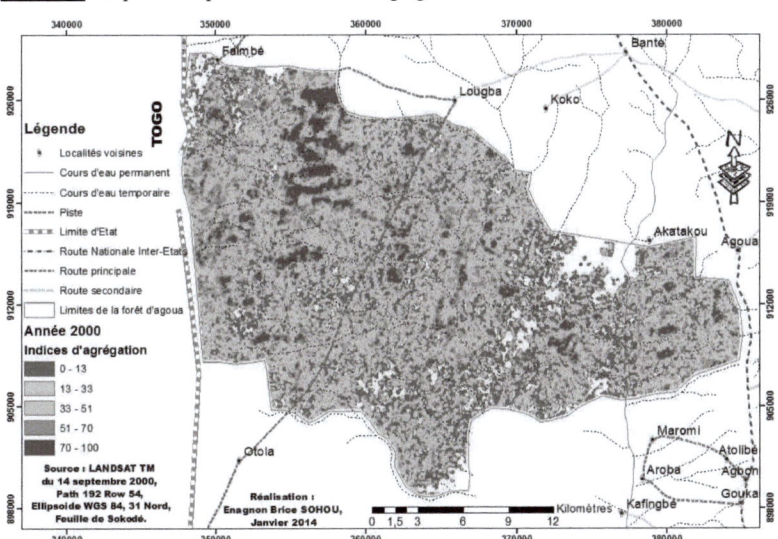

**Figure 63** : Répartition spatiale des indices d'agrégation en 2000

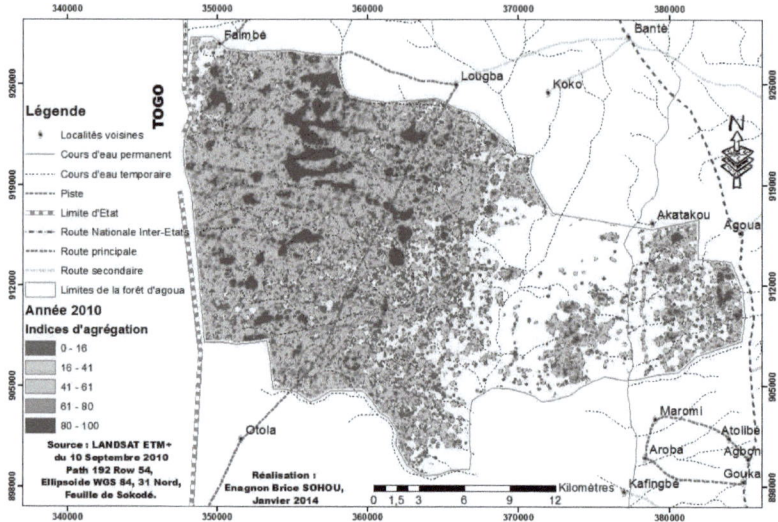

**Figure 64** : Répartition spatiale des indices d'agrégation en 2010

L'impact de la distribution spatiale des indices d'agrégation sur la structure spatiale du couvert végétal a été examiné.

En 1990, la structure spatiale du couvert végétal est sous la dominance d'une végétation éparse parsemée en bande linéaire d'absence de végétation. La végétation dense se retrouve comme révélée par les analyses précédentes au Nord-Ouest de la forêt.

L'année 2000, marque une allure croissante à l'absence de végétation au Sud-Est (figure 66) et un replacement de la végétation dense par la végétation éparse au Nord-Ouest de la forêt classée d'Agoua. Au centre de la forêt classée d'Agoua, l'absence de végétation est plus marquée à proximité de la piste centrale.

Dès 2010 (figure 67), les végétations éparses au Sud-Est de la forêt d'Agoua sont majoritairement remplacées par des sols nus, tandis que l'absence de végétation a connu une allure croissante plus importante dans un gradient Sud-Ouest / Nord-Est.

Les figures 65, 66 et 67 présentent la structure spatiale du couvert végétal en 1990, 2000 et 2010.

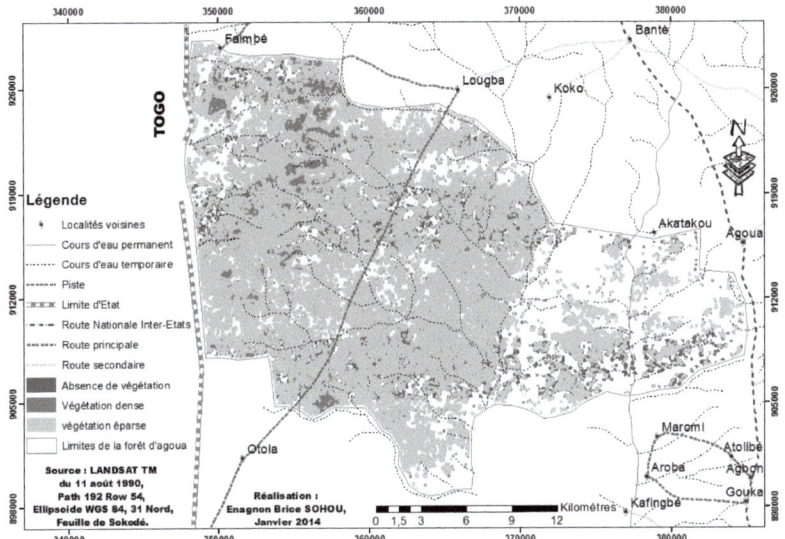

**Figure 65** : Structure spatiale du couvert végétal en 1990

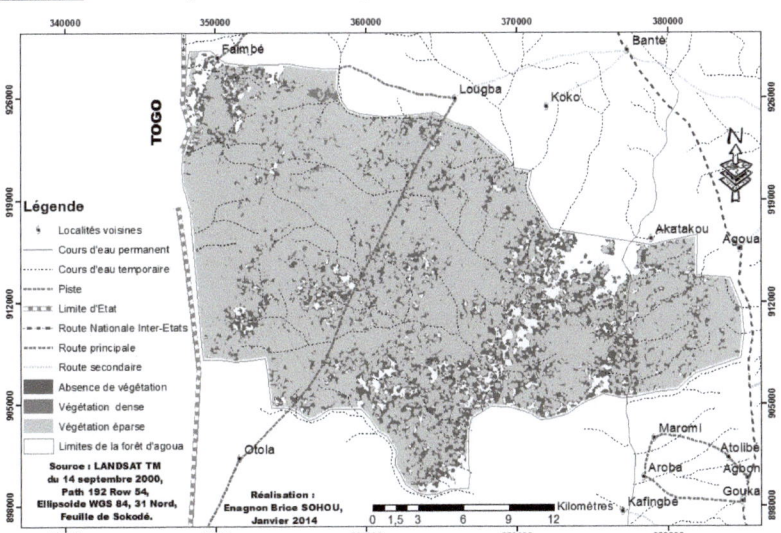

**Figure 66** : Structure spatiale du couvert végétal en 2000

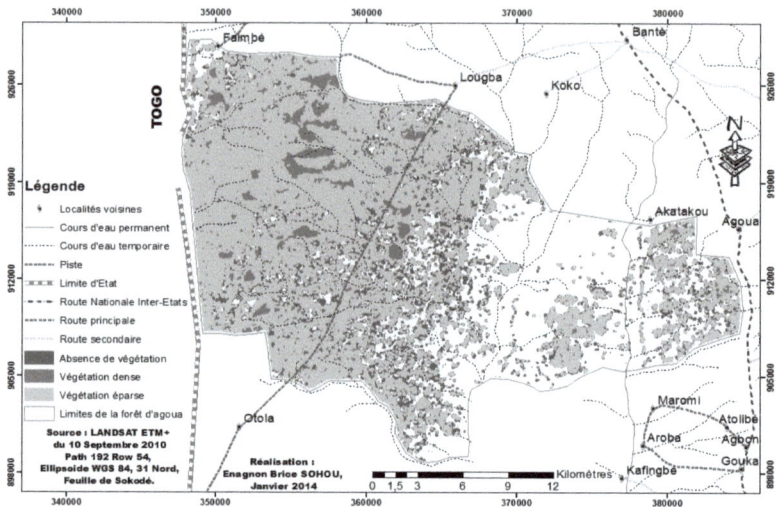

**Figure 67** : Structure spatiale du couvert végétal en 2010

La figure 68 révèle la proportion des structures spatiales du couvert végétal de 1990 à 2010.

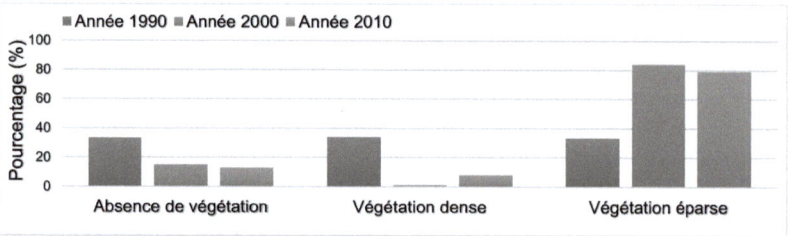

**Figure 68** : Proportions des structures spatiales du couvert végétal en 1990, 2000, et 2010

En matière de proportion spatiale (figure 67), l'année 2000 et 2010 connaît les plus fortes valeurs de végétation éparse, alors la végétation la plus structurellement dense se retrouve en 1990.

**5-1-4 Variation des indices d'agrégats**

Les figures 69 et 70 présentent les indices moyens d'agrégation du couvert végétal et leurs variances de 1990 à 2010.

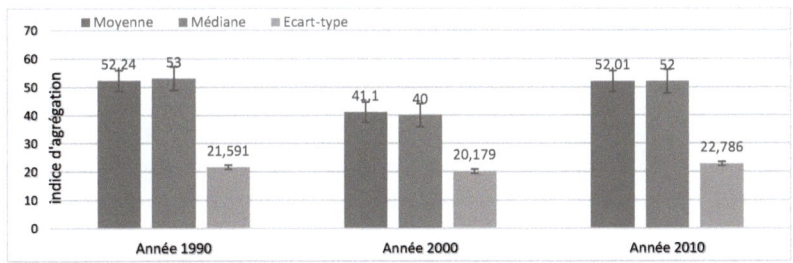

**Figure 69** : Indices moyens d'agrégation du couvert végétal de 1990 à 2010

Selon la figure 69, l'indice moyen d'agrégation le plus élevé se retrouve en 1990 avec pour valeur 52,24, puis en 2010 (52,01), et en 2000 (41,1).

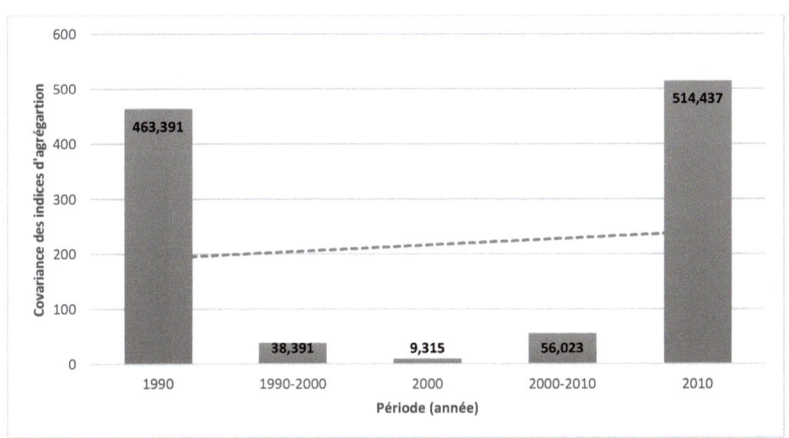

**Figure 70** : Covariance des indices d'agrégation du couvert végétal de 1990 à 2010

La figure 70 révèle que les plus fortes variations des indices d'agrégation du couvert végétal sont observées en 1990 et en 2010. L'année 2000 a connu une variation peu significative des indices d'agrégations. La période de 2000 à 2010 a connu une variation plus élevée des indices d'agrégation que celle de 1990 à 2010. La fragmentation du couvert végétal est donc inégalement répartie dans le temps.

**5-2    Conséquences de la dégradation du couvert végétal : l'érosion hydrique**

**5-3-1   Érosion hydrique en 1990**

En 1990, selon la figure 71, l'érosion forte est plus accentuée dans la partie centrale et à l'Est de la forêt classée d'Agoua. L'absence d'érosion est plus marquée au Nord-Ouest de ladite forêt (la même période). Les zones de végétations denses sont parsemées d'érosions moyennes. Cette situation prévaut des risques localisés de déminéralisation et de décapage du sol.

La figure suivante présente la répartition spatiale de l'érosion hydrique en 1990 dans la forêt classée d'Agoua.

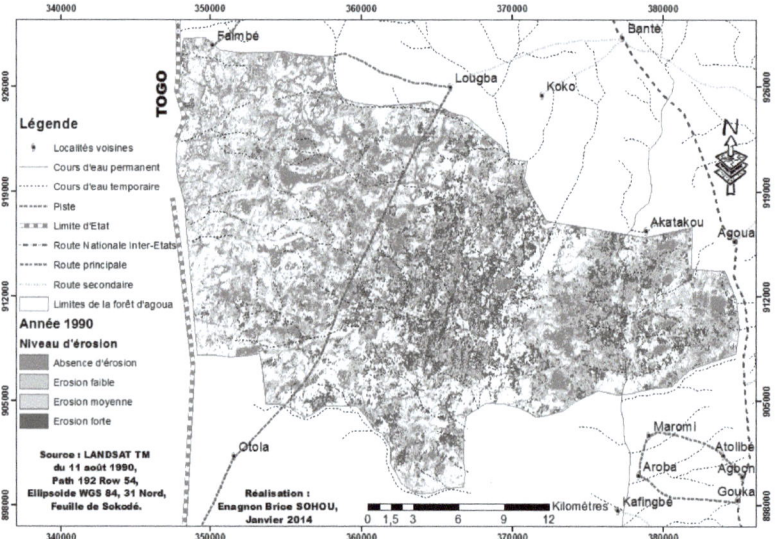

**Figure 71** : Répartition spatiale de l'érosion hydrique en 1990

**5-3-2  Erosion hydrique en 2000**

En 2000, selon la figure 72, l'érosion a majoritairement régressé et se maximise au Sud et à l'Est de la forêt. Parallèlement, les zones d'absence d'érosion sont désormais plus étendues tant au Nord-Ouest que dans toute la forêt. Cette situation favorise le développement et la croissance du couvert végétal préalablement identifiés pour cette période. En effet, moins les sols seront érodés, plus il y aura de nutriments disponibles pour les autotrophes, et plus les conditions de croissance végétale sont favorables.

La figure suivante présente la répartition spatiale de l'érosion hydrique en 2000 dans la forêt classée d'Agoua.

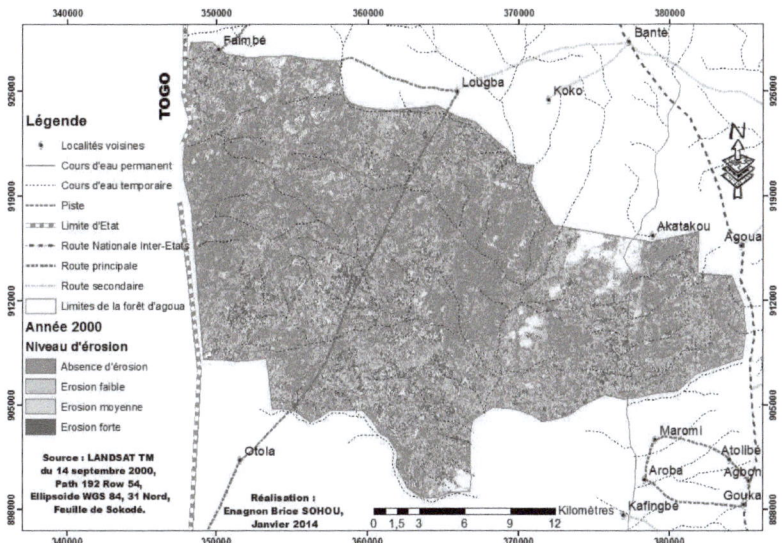

**Figure 72** : Répartition spatiale de l'érosion hydrique en 2000

**5-3-3 Erosion hydrique en 2010**

L'année 2010 selon la figure 73 est marquée par une érosion moyenne étendue sur toute la forêt et une érosion forte localisée au Sud-Ouest de la forêt d'Agoua. Les zones de forêts denses du Nord-Ouest sont désormais sous l'effet de la forte érosion. Il se pose donc de questionnement sur les causes de cette agression érosive du sol.

La dégradation du couvert végétal en 2010 sous l'influence du climat et de l'homme a favorisé cette situation. En effet, les racines des plantes protègent le sol contre l'érosion. Les agressions pluviométriques peuvent de même expliquer l'intensité spatiale dudit phénomène.

La fragmentation et la disparité spatiale des agrégats du couvert végétal contraignent le sol à un déséquilibre en termes de structure, et la résistivité du sol à l'érosion devient plus faible.

La figure suivante présente la répartition spatiale de l'érosion hydrique en 2010 dans la forêt classée d'Agoua.

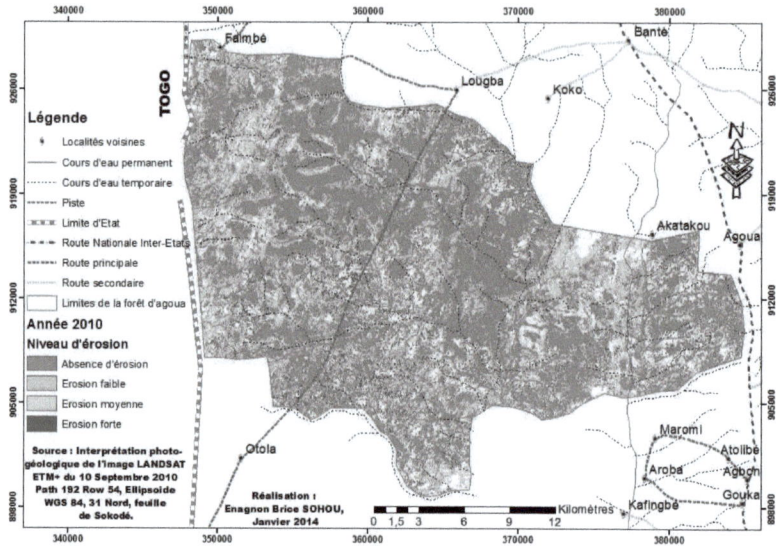

**Figure 73** : Répartition spatiale de l'érosion hydrique en 2010

**5-3-4 Evolution de l'érosion hydrique de 1990 à 2010**

L'érosion hydrique a connu une évolution inégalement répartie dans le temps selon les figures 74 et 75. En effet, d'après ces figures, l'érosion forte la plus importante est observée en 1990 avec un pourcentage de vulnérabilité de 19 % ; l'érosion moyenne la plus importante est indiquée en 1990 avec un pourcentage de vulnérabilité de 28 % ; l'érosion faible la plus importante est en 2010, avec un pourcentage de vulnérabilité de 25 %. L'ajustement linéaire présente une allure décroissante de 1990 à 2010 de la vulnérabilité à l'érosion.

Les figures 74 et 75, présentent respectivement l'étendue spatiale et la vulnérabilité à l'érosion de 1990 à 2010 dans la forêt d'Agoua.

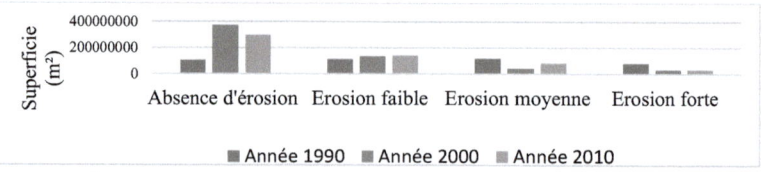

**Figure 74** : Étendue spatiale de l'érosion hydrique de 1990 à 2010

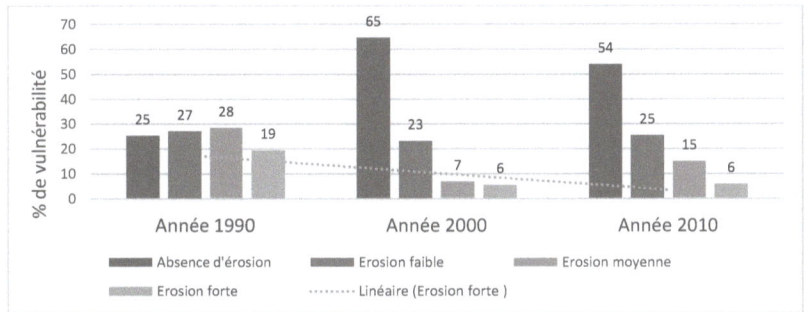

**Figure 75** : Proportions de l'érosion hydrique de 1990 à 2010

## Chapitre VI : Contribution de la pluie, de la température et des radiations solaires à la variation des unités d'occupation

### 6-1 Variabilité pluviométrique

La figure 76 ci-après révèle l'existence une variation interannuelle très importante de la pluie durant la période 1950 à 2009 (60ans).

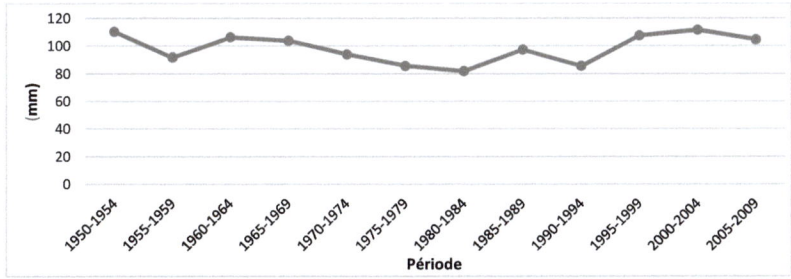

**Figure 76** : Variabilité pluviométrique interannuelle

Hormis la variation inter-annuelle, les figures 77 et 78 confirment l'hypothèse d'une variation mensuelle intra-saisonnière de la pluie. En effet, Il existe une importante variation des hauteurs pluviométriques tant en saison sèche qu'en saison pluvieuse courant 1950-2009.

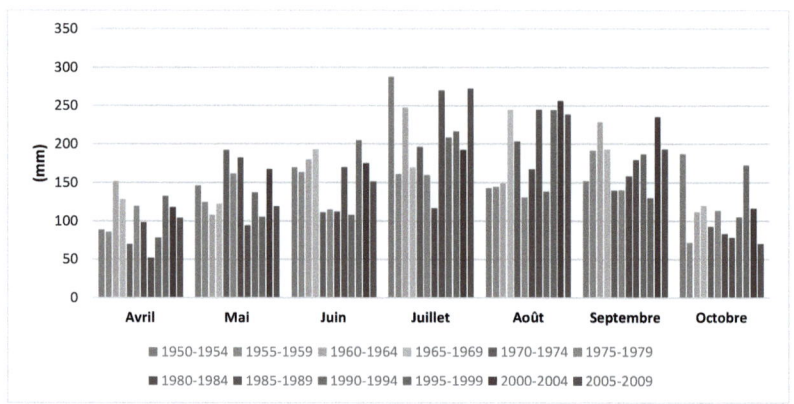

**Figure 77** : Variabilité pluviométrique mensuelle en saison pluvieuse

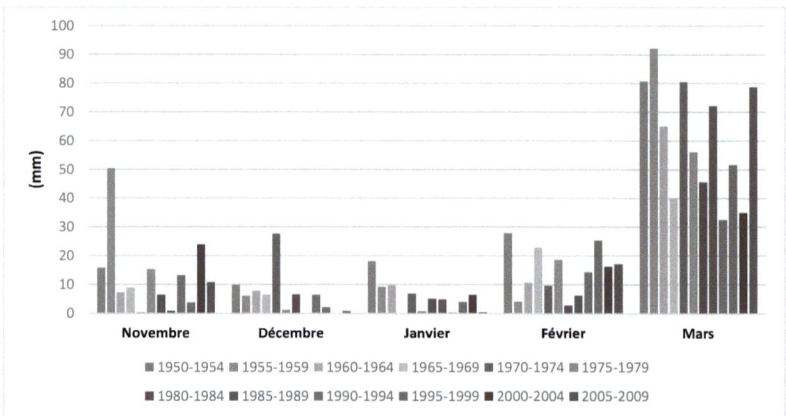

**Figure 78** : Variabilité pluviométrique mensuelle en saison sèche (1950-2009)

### 6-2 Rupture pluviométrique courant 1950-2009

L'hypothèse nulle rejetée pour le test de PETTITT (figure 79) confirme l'existence d'une rupture pluviométrique en 1993. Le caractère de variabilité aléatoire dans la série chronologique des pluies se traduit ici par la variation sinusoïdale de la variable U du test de PETTITT dans le temps.

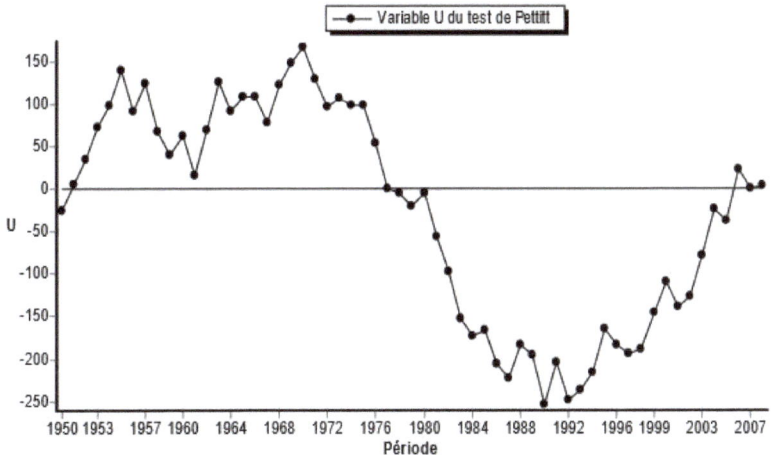

**Figure 79** : Résultat du test de Pettitt

**6-3 isohyètes pluviométriques de part et d'autre de l'année de rupture**

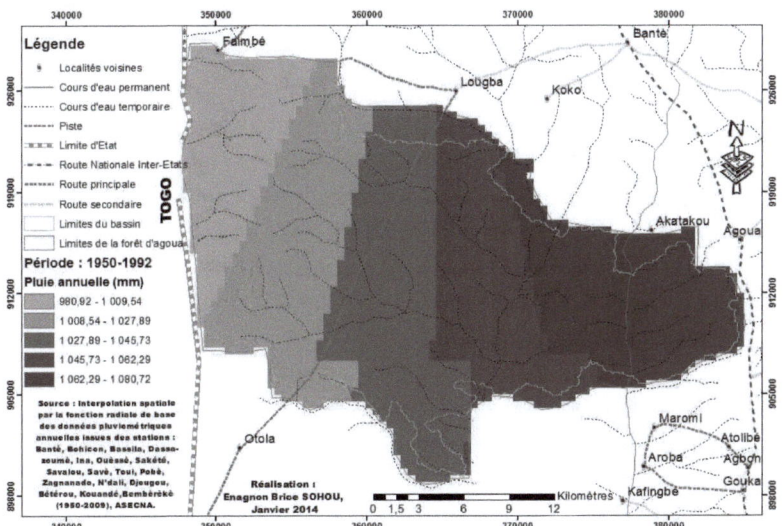

**Figure 80** : isohyètes pluviométriques (1950-1992)

De 1950 à 1992, les isohyètes pluviométriques augmentent de l'Ouest vers l'Est (figure 80). Les valeurs les plus faibles sont comprises entre [980,92 ; 1009,54], et celles les plus élevées sont dans l'intervalle [1062,29 ; 1080,72].

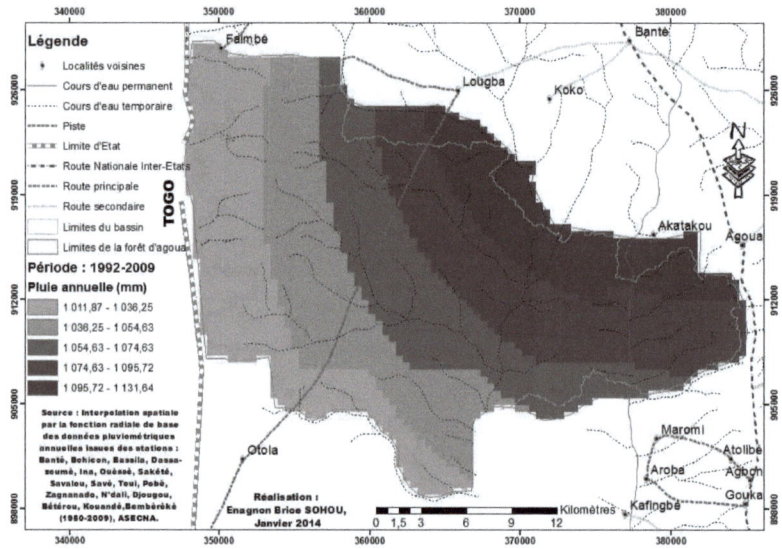

**Figure 81** : isohyètes pluviométriques (1992-2009)

Selon la figure 79, les isohyètes pluviométriques augmentent de l'Ouest vers l'Est de 1950 à 1992. Les valeurs les plus faibles sont comprises entre [1011,87 ; 1036,25], et celles les plus élevées sont dans l'intervalle [1095,75 ; 1131,84].

La période de 1992 à 2009 selon les isohyètes pluviométriques a connu les hauteurs de pluies les pluies élevées sur les 60ans (1950-2009).

**6-4 Variabilité du niveau de sécheresse**

Selon la figure 82, l'indice standardisé de précipitation suit une allure sinusoïdale de 1950 à 2009 et a sa valeur la plus faible en 1990 qui est de -26,40 (sécheresse extrême, tableau XIX). L'année 1963 (Tableau XVI) est celle dont l'indice standardisé de précipitation est le plus élevé soit 4,34 (humidité extrême). L'analyse des tableaux XV à XXI permet de comprendre que les indices standardisés de précipitations négatives sont majoritairement dans la période de pré-rupture allant de 1950 à 1992. La seconde période allant de 1993 à 2009 est majoritairement sous la commande des indices standardisés de précipitations positifs.

Le calcul sur les 60 ans de la fréquence d'humidité et de sécheresse a permis d'obtenir la figure 83. La sécheresse modérée connait la plus forte fréquence qui est de 25 %. Ensuite l'humidité extrême et l'extrême sécheresse ont connu la plus fréquence suivante qui est de 23 %. Celle de l'humidité modérée est de 17 %. Les plus faibles fréquences sont associées à l'humidité forte (7 %), et la sécheresse forte (7 %).

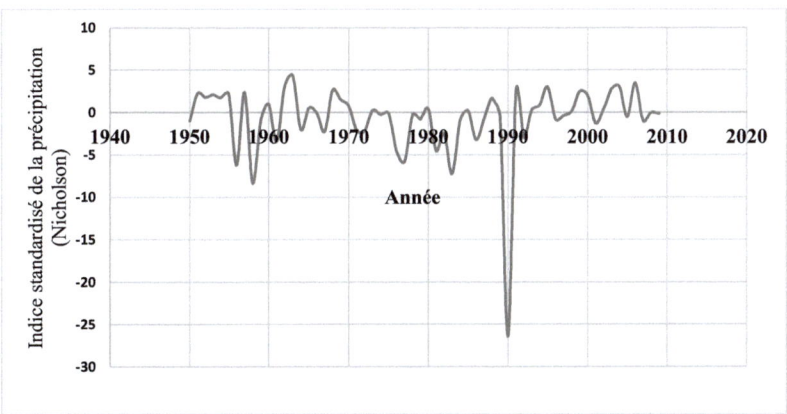

**Figure 82** : Évolution de l'indice standardisé de la précipitation de 1950 à 2009

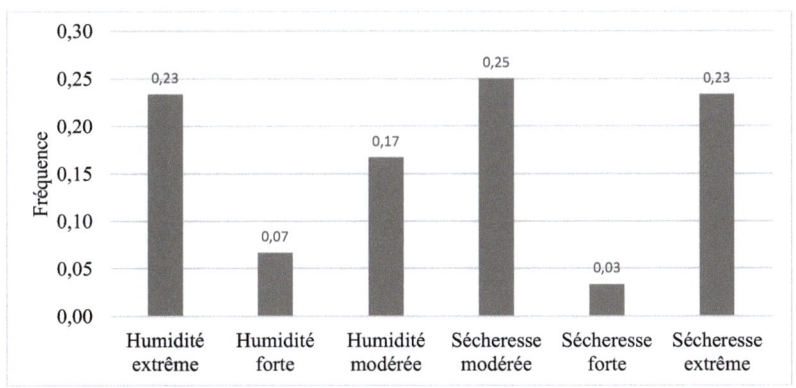

**Figure 83** : Fréquence de survenue d'humidité ou de sècheresse de 1950 à 2009

**Tableau XV** : Indices standardisés de précipitations et sécheresse de la décennie 1950 à 1959

| Année | Indice standardisé de Précipitation ou Indice de Nicholson (SPI) | Degré (d'humidité ou de sécheresse) |
|---|---|---|
| **1950** | -0,97 | **Sécheresse modérée** |
| 1951 | 2,23 | Humidité extrême |
| 1952 | 1,79 | Humidité forte |
| 1953 | 2,09 | Humidité extrême |
| 1954 | 1,74 | Humidité forte |
| 1955 | 2,24 | Humidité extrême |
| **1956** | -6,19 | **Sécheresse extrême** |
| 1957 | 2,35 | Humidité extrême |
| **1958** | -8,31 | **Sécheresse extrême** |
| **1959** | -0,98 | **Sécheresse modérée** |

**Tableau XVI** : Indices standardisés de précipitations et sécheresse de la décennie 1960 à 1969

| Année | Indice standardisé de Précipitation ou Indice de Nicholson (SPI) | Degré (humidité ou sécheresse) |
|---|---|---|
| **1960** | 1,00 | **Humidité maximale** |
| **1961** | -3,38 | **Sécheresse extrême** |
| 1962 | 3,10 | Humidité extrême |
| 1963 | 4,34 | Humidité extrême |
| **1964** | -2,00 | **Sécheresse forte** |
| 1965 | 0,50 | Humidité maximale |
| **1966** | -0,05 | **Sécheresse maximale** |
| **1967** | -2,24 | **Sécheresse extrême** |
| 1968 | 2,60 | Humidité extrême |
| 1969 | 1,54 | Humidité forte |

**Tableau XVII** : Indices standardisés de précipitations et sécheresse de la décennie 1970 à 1979

| Année | Indice standardisé de Précipitation ou Indice de Nicholson (SPI) | Degré (humidité ou sécheresse) |
|---|---|---|
| 1970 | 0,75 | Humidité maximale |
| **1971** | -2,08 | **Sécheresse extrême** |
| **1972** | -2,14 | **Sécheresse extrême** |
| 1973 | 0,24 | Humidité maximale |
| **1974** | -0,25 | **Sécheresse maximale** |
| **1975** | -0,11 | **Sécheresse extrême** |
| **1976** | -4,60 | **Sécheresse extrême** |
| **1977** | -5,75 | **Sécheresse extrême** |
| **1978** | -0,29 | **Sécheresse maximale** |
| **1979** | -0,78 | **Sécheresse maximale** |

**Tableau XVIII** : Résultats de l'indice standardisé de précipitations de la décennie 1980 à 1989

| Année | Indice standardisé de Précipitation ou Indice de Nicholson (SPI) | Degré (humidité ou sécheresse) |
|---|---|---|
| 1980 | 0,41 | Humidité maximale |
| 1981 | -4,51 | Sécheresse extrême |
| 1982 | -2,44 | Sécheresse extrême |
| 1983 | -7,22 | Sécheresse extrême |
| 1984 | -0,95 | Sécheresse maximale |
| 1985 | 0,22 | Humidité maximale |
| 1986 | -3,21 | Sécheresse extrême |
| 1987 | -0,78 | Sécheresse maximale |
| 1988 | 1,66 | Humidité forte |
| 1989 | -0,46 | Sécheresse maximale |

**Tableau XIX** : Indices standardisés de précipitations et sécheresse de la décennie 1990 à 1999

| Année | Indice standardisé de Précipitation ou Indice de Nicholson (SPI) | Degré (humidité ou sécheresse) |
|---|---|---|
| 1990 | -26,40 | Sécheresse extrême |
| 1991 | 2,48 | Humidité extrême |
| 1992 | -2,92 | Sécheresse extrême |
| 1993 | 0,26 | Humidité modérée |
| 1994 | 0,86 | Humidité modérée |
| 1995 | 3,00 | Humidité extrême |
| 1996 | -0,78 | Sécheresse maximale |
| 1997 | -0,36 | Sécheresse maximale |
| 1998 | 0,14 | Humidité modérée |
| 1999 | 2,46 | Humidité extrême |

**Tableau XX** : Indices standardisés de précipitations et sécheresse de la décennie 2000 à 2009

| Année | Indice standardisé de Précipitation ou Indice de Nicholson (SPI) | Degré (humidité ou sécheresse) |
|---|---|---|
| 2000 | 2,02 | Humidité extrême |
| 2001 | -1,25 | Sécheresse forte |
| 2002 | 0,38 | Humidité maximale |
| 2003 | 2,74 | Humidité extrême |
| 2004 | 3,04 | Humidité extrême |
| 2005 | -0,51 | Sécheresse maximale |
| 2006 | 3,46 | Humidité extrême |
| 2007 | -0,95 | Sécheresse maximale |
| 2008 | -0,04 | Sécheresse maximale |
| 2009 | -0,16 | Sécheresse maximale |

**Tableau XXI** : Classification des années d'humidité et de sécheresse

| Années d'humidité extrême | Années d'humidité forte | Années d'humidité modérée | Années de sécheresse modérée | Années de fortes sécheresses | Années de sécheresses extrêmes |
|---|---|---|---|---|---|
| 1951 | 1952 | 1960 | 1950 | 1964 | 1956 |
| 1953 | 1954 | 1965 | 1966 | 2001 | 1958 |
| 1957 | 1969 | 1970 | 1974 | | 1961 |
| 1959 | 1988 | 1973 | 1975 | | 1967 |
| 1962 | | 1980 | 1978 | | 1971 |
| 1963 | | 1985 | 1979 | | 1972 |
| 1968 | | 1993 | 1984 | | 1976 |
| 1991 | | 1994 | 1987 | | 1977 |
| 1995 | | 1998 | 1989 | | 1981 |
| 1999 | | 2002 | 1996 | | 1982 |
| 2000 | | | 1997 | | 1983 |
| 2003 | | | 2005 | | 1986 |
| 2004 | | | 2007 | | 1990 |
| 2006 | | | 2008 | | 1992 |
| | | | 2009 | | |

**6-5 Variabilité spatiale des radiations solaires au sol**

En 1990, selon la figure 84, les radiations solaires au sol les plus élevées sont rencontrées au Nord-Ouest et au Sud-Est de la forêt d'Agoua avec des valeurs comprises entre [1 635 090 ; 1 800 270] Wh/jour et celles les plus faibles sont identifiées au centre et au Sud de la forêt d'Agoua avec des valeurs comprises entre [115 437 ; 1 093 301] Wh/jour.

La figure suivante présente la répartition spatiale des radiations solaires au sol en 1990.

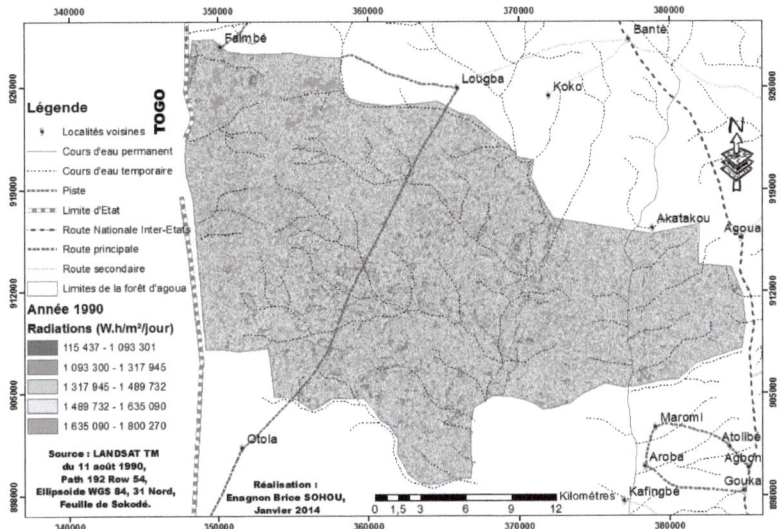

**Figure 84** : Répartition spatiale des radiations solaires au sol en 1990

La figure suivante présente la répartition spatiale des radiations solaires au sol en 2000.

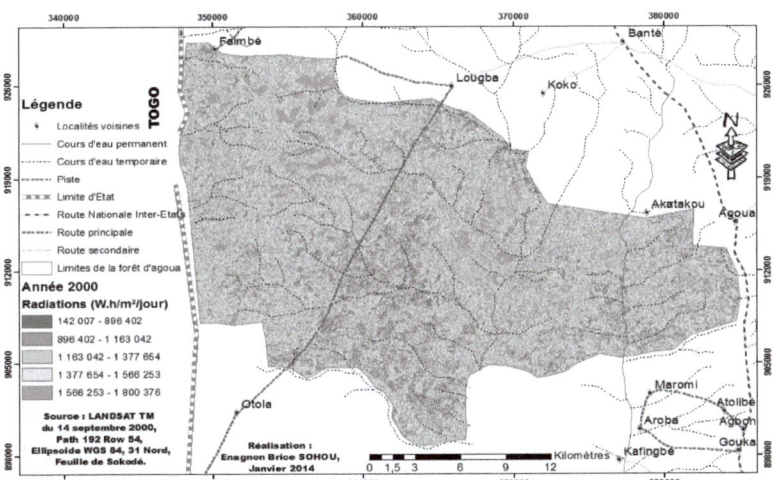

**Figure 85** : Répartition spatiale des radiations solaires au sol en 2000

En 2000, selon la figure 84, les radiations solaires au sol les plus élevées sont rencontrées au Nord-Ouest et au Sud-Est de la forêt d'Agoua avec des valeurs comprises entre [1 566 253 ; 1 800 376] Wh/jour et celles les plus faibles sont identifiées au centre et au Sud de la forêt d'Agoua avec des valeurs comprises entre [142 007 ; 896 402] Wh/jour.

La figure suivante présente la répartition spatiale des radiations solaires au sol en 2010.

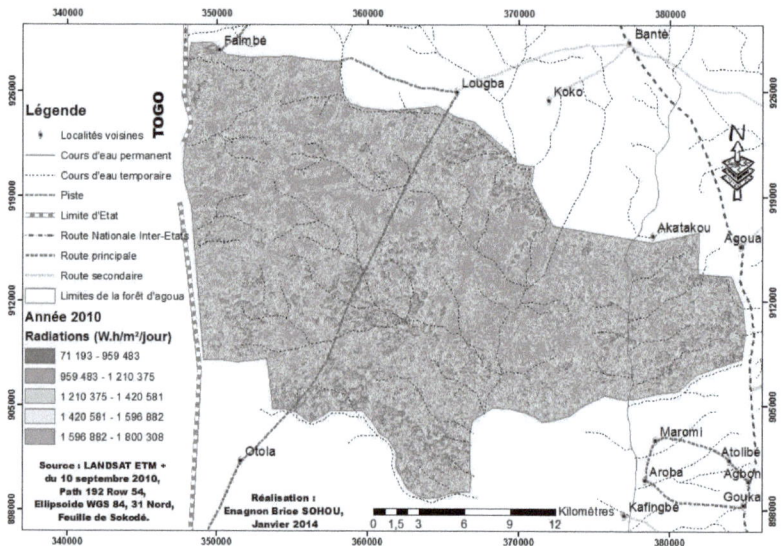

**Figure 86** : Répartition spatiale des radiations solaires au sol en 2010

En 2010, selon la figure 86, les radiations solaires au sol les plus élevées sont rencontrées au Nord-Ouest et au Sud-Est de la forêt d'Agoua avec des valeurs comprises entre [1 596 882 ; 1 800 308] Wh/jour et celles les plus faibles sont identifiées au centre et au Sud de la forêt d'Agoua avec des valeurs comprises entre [71 193 ; 959 483] Wh/jour.

**6-6 Variabilité spatiale de la rétention en eau du sol**

La rétention en eau du sol selon la figure 87 augmente de l'Ouest vers l'Est dans la forêt classée d'Agoua. Les valeurs les plus faibles sont comprises entre 504 et 508 mm tandis que celles les plus élevées sont comprises entre 515 et 526 mm. La variabilité spatiale de la rétention en eau du sol est faible en latitude et très élevée en longitude au sein de la forêt classée d'Agoua. Cette variation en longitude de la rétention en eau du sol s'explique par le plan d'eau qui traverse la forêt, la répartition spatiale des pluies au sein de la forêt d'Agoua, et le sens d'écoulement de l'eau qui est de l'Ouest vers l'Est dans ladite forêt.

La figure suivante présente la répartition spatiale de la rétention en eau du sol dans la forêt classée d'Agoua.

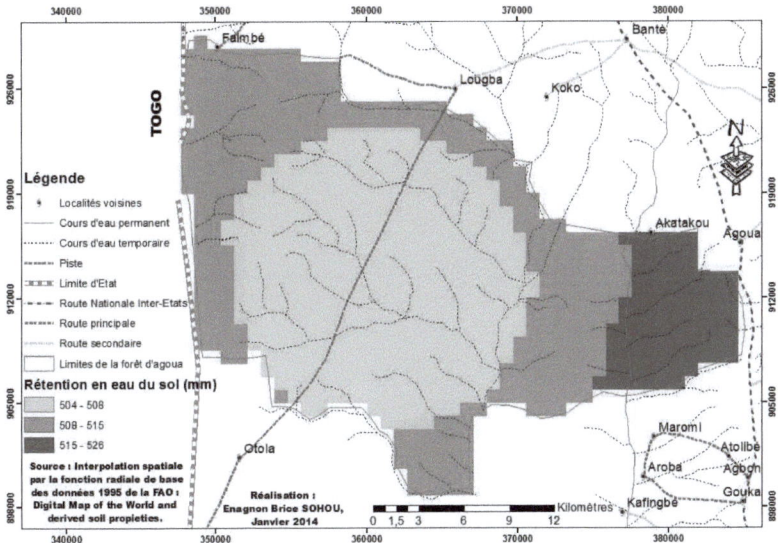

**Figure 87** : Répartition spatiale de la rétention en eau du sol dans la forêt classée d'Agoua

**6-7 Diversité des micro-bassins versants**

85 sous-bassins versants ont été identifiés dans la forêt classée d'Agoua selon la figure 87. La forêt classée d'Agoua fait l'objet d'un réseau hydrographique très harmonisé et inégalement réparti dans l'espace.

La communication entre les différents sous-bassins suit le gradient de pente décroissant. Les sous-bassins les plus alimentés sont ceux du sud et du centre-Est du fait de leurs altitudes. La figure suivante présente les micros bassins versants dans la forêt classée d'Agoua.

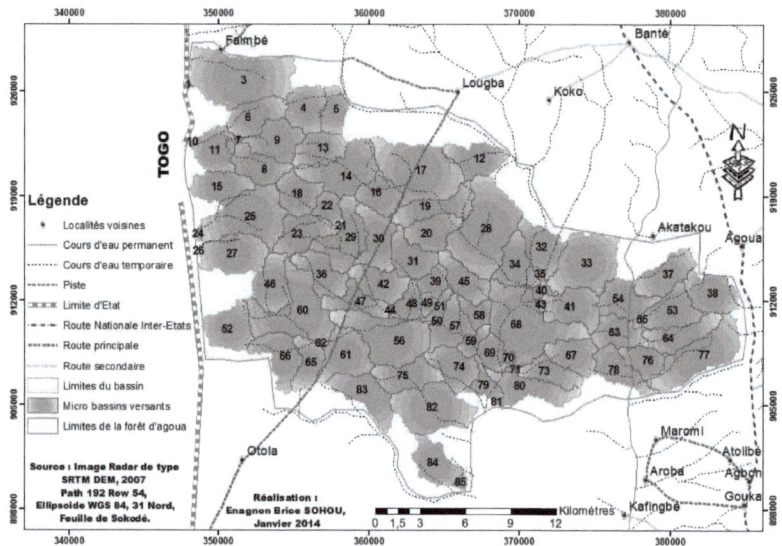

**Figure 88** : Les micros bassins versants dans la forêt classée d'Agoua

**6-8 Densité spatiale des linéaments de surfaces**

L'investigation des linéaments de surface est très importante pour une analyse des états de surface. Les linéaments de surfaces sont les points de contact entre les eaux de surfaces et les eaux souterraines, et leur identification permet de révéler les sites les plus probables où l'on peut trouver des eaux souterraines. Les linéaments repérés par filtrage directionnel de sobel (figure 89), sont en prépondérance au Nord-Ouest et au Centre de la forêt. Une investigation en zone cristalline des eaux souterraines au sein de la présente forêt nécessite l'identification des sites d'abondance en linéaments. En effet, la rareté de l'eau de surface dans les zones de socles (y compris la forêt d'Agoua) contraint à une exploitation des eaux souterraines. La communication entre les eaux de surfaces et celles souterraines, se faisant par les linéaments, alors, il s'agit d'une alternative d'adaptation au climat. En absence de pluies, les eaux souterraines pourront ainsi être utilisées pour les mesures d'aménagements forestiers à Agoua. La figure suivante présente la répartition spatiale des linéaments de surfaces dans la forêt classée d'Agoua.

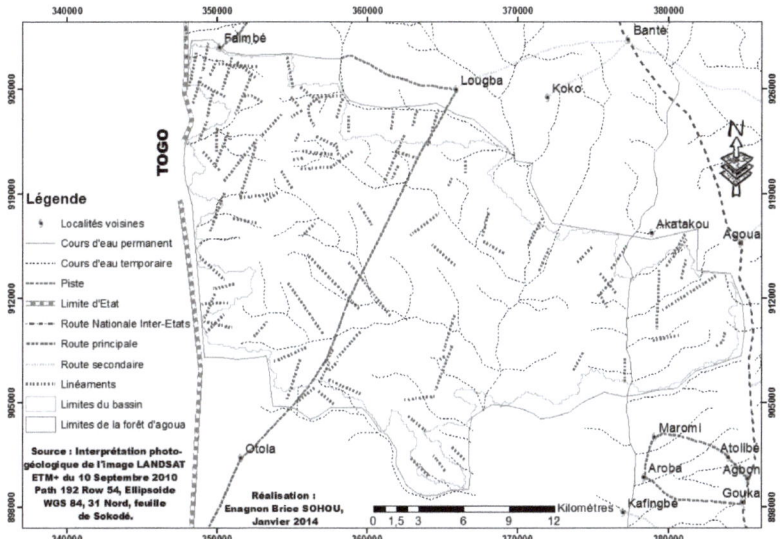

**Figure 89** : Les linéaments de surfaces dans la forêt classée d'Agoua

**6-9 Corrélations**

Le tableau XX indique qu'il existe une forte corrélation négative entre les mosaïques de cultures et les indices normalisés de la végétation (-0,81) ; entre les mosaïques de cultures et les savanes arborées et arbustives (-0,92).

De même, les Mosaïques de cultures et jachères ont une corrélation négative parfaite avec la forêt dense (-1) et la forêt claire (-1).

Par contre les pluies ont une forte corrélation positive avec les indices normalisés de la végétation (0,89) ; la forêt dense (0,51) et la forêt claire (0,50).

Quant aux radiations solaires au sol, elles ont une forte corrélation négative avec les indices normalisés de la végétation (-0,77), et une faible corrélation négative avec la forêt dense (-0,32) et la forêt claire (-0,31). Quant aux températures, elles ont une forte corrélation positive avec les indices normalisés de la végétation (0,76), et une faible corrélation positive avec la forêt dense (-0,32), et la forêt claire (-0,31).

92

**Tableau XXII** : Matrice de corrélation

| Variables | Indices Normalisés de la Végétation | Forêt dense | Savane arborée et arbustive | Forêt claire | Savane herbeuse |
|---|---|---|---|---|---|
| Indices Normalisés de la Végétation | 1 | 0,85 | 0,52 | 0,85 | 0,82 |
| Forêt dense | 0,85 | 1 | 0,89 | 1 | 1 |
| Savane arborée et arbustive | 0,52 | 0,89 | 1 | 0,89 | 0,91 |
| Forêt claire | 0,85 | 1 | 0,89 | 1 | 1 |
| Savane herbeuse | 0,82 | 1 | 0,91 | 1 | 1 |
| Mosaïques de cultures et jachères | -0,81 | -1 | -0,92 | -1 | -1 |
| Pluie (mm) | 0,89 | 0,51 | 0,06 | 0,50 | 0,46 |
| Température (°C) | 0,76 | 0,31 | -0,16 | 0,30 | 0,26 |
| Radiations Solaires au Sol (W.h/jour) | -0,77 | -0,32 | 0,15 | -0,31 | -0,27 |

**Tableau XXII** (suite) : Matrice de corrélation

| Variables | Mosaïques de cultures et jachères | Pluie (mm) | Température (°C) | Radiations Solaires au Sol (W.h/jour) |
|---|---|---|---|---|
| Indices Normalisés de la Végétation | -0,81 | 0,89 | 0,76 | -0,77 |
| Forêt dense | -1 | 0,51 | 0,31 | -0,32 |
| Savane arborée et arbustive | -1 | 0,06 | -0,16 | 0,15 |
| Forêt claire | -1 | 0,50 | 0,30 | -0,31 |
| Savane herbeuse | -1 | 0,46 | 0,26 | -0,27 |
| Mosaïques de cultures et jachères | 1 | -0,45 | -0,24 | 0,26 |
| Pluie (mm) | -0,45 | 1 | 0,98 | -0,98 |
| Température (°C) | -0,24 | 0,98 | 1 | -1 |
| Radiations Solaires au Sol (W.h/jour) | 0,26 | -0,98 | -1 | 1 |

**5-10 Variances**

Selon le tableau XXIII, deux axes factoriels expliquent 100 % de la variance d'analyse factorielle. L'axe factoriel 1 explique 69,36 % de ladite variance, alors que l'axe factoriel 2 explique 30,64 % de cette variance.

À partir de la matrice des composantes d'analyses factorielles (tableau XXIV) , on retient que la composante 1 représentée par l'axe factoriel 1 exprime au mieux les variances liées aux indices normalisés de la végétation (0,97), à la forêt dense (0,96), à la savane herbeuse (0,94), aux mosaïques de cultures et jachères (-0,94), à la pluie (0,73), à la savane arborée et arbustive (0,72), à la température (0,57) et aux radiations solaires au sol (-0,58). Pour ce qui concerne l'axe factoriel 2 (2e composante), il représente au mieux la pluie (-0,68), la savane arborée et arbustive (0,69), la température (-0,83) et les radiations solaires au sol (0,82).

**Tableau XXIII** : Variance totale exprimée d'analyses factorielles

| Composante | Valeurs propres initiales | | |
|---|---|---|---|
| | Total | % de la variance | % cumulés |
| 1 | 6,24 | 69,36 | 69,36 |
| 2 | 2,76 | 30,64 | 100,00 |

**Tableau XXIV** : Matrice des composantes principales

| Variable | Composante | |
|---|---|---|
| | 1 | 2 |
| Indices Normalisés de la Végétation | 0,97 | -0,26 |
| Forêt dense | 0,96 | 0,29 |
| Forêt claire | 0,96 | 0,29 |
| Savane herbeuse | 0,94 | 0,33 |
| Mosaïques de cultures et jachères | -0,94 | -0,35 |
| Pluie (mm) | 0,73 | -0,68 |
| Savane arborée et arbustive | 0,72 | 0,69 |
| Température (°C) | 0,57 | -0,83 |
| Radiations Solaires au Sol (W.h/jour) | -0,58 | 0,82 |

**6-11 Coefficients et diagramme des composantes**

La matrice des coefficients des coordonnées des composantes d'analyses factorielles (tableau XXV), permet de conclure que l'axe factoriel 1 est représenté par une fonction linéaire F1(x) telle que F1(x) = 0,16 NDVI + 0,15 Fd + 0,12 Saa + 0,16 Fc + 0,15 Sah − 0,15 MozCJ + 0,12 Plu + 0,09 Temp − 0,09 Rad.

L'axe factoriel 2 est matérialisé par F2(x) = 0,25 Saa -0,30 Temp + 0,30 Rad.

NDVI représente les indices normalisés de la végétation, Fd la forêt dense, Saa la savane arborée et arbustive, Fc la forêt claire, Sah la savane herbeuse, MozCJ les mosaïques de cultures et jachères, Plu les hauteurs de pluie (mm), Temp la température (°C), et Rad les radiations solaires au sol.

**Tableau XXV** : Matrice des coefficients des coordonnées des composantes

| Variables | Composante | |
|---|---|---|
| | 1 | 2 |
| Indices Normalisés de la Végétation | 0,16 | -0,10 |
| Forêt dense | 0,15 | 0,10 |
| Savane arborée et arbustive | 0,12 | 0,25 |
| Forêt claire | 0,16 | 0,11 |
| Savane herbeuse | 0,15 | 0,12 |
| Mosaïques de cultures et jachères | -0,15 | -0,13 |
| Pluie (mm) | 0,12 | -0,25 |
| Température (°C) | 0,09 | -0,30 |
| Radiations Solaires au Sol (W.h/jour) | -0,09 | 0,30 |

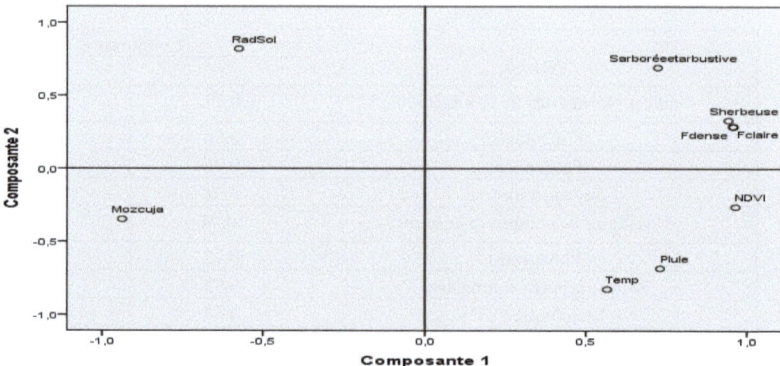

**Figure 90** : Diagramme des composantes principales

**Chapitre VII :** Analyse phytogéographique de la forêt classée d'Agoua

**7-1 Composition floristique et diversité spécifique**

Le cortège floristique (Annexe) de notre recherche est obtenu à partir de 80 relevés phytosociologiques et constitué de 49 espèces toutes ligneuses réparties en 47 genres et 19 familles.

Les familles les plus représentées sont : les Combrétaceae (9 espèces soit 18,37 % du total des espèces), les Léguminosaceae-Caesalpinioideae (5 espèces soit 10,20 %) et les Meliaceae (4 espèces soit 8,16 % du total des espèces). Le quotient spécifique observé est de 1,04. L'espèce dominante est *Anogeissus leiocarpa* de la famille des combrétacées.

La richesse spécifique varie de 8 à 73 espèces par placeau soit une moyenne de 20,8 ± 9,85 espèces. L'indice de diversité de Shannon varie entre 0,67 et 3,33 bits par relevé soit une moyenne de 1, 94 ± 0,61 bits inférieur à la valeur maximale 4,25. L'équitabilité de Pielou est de 0,46. Il y a donc une répartition inéquitable des individus au sein des espèces.

**7-2 Paramètres dendrométriques**

La densité moyenne des arbres est de 0,00208 ± 0,00098 arbres/ha. La valeur de la surface terrière varie entre 19598,06 et 46731,44 m²/ha par relevé soit une moyenne de 11926,47 ± 7448,26 m²/ha, ce qui indique la forte représentativité des individus de grande circonférence. Les circonférences quant à elles varient entre 20 et 491cm par relevé soit une moyenne de 85,12± 30,89 cm tandis que les hauteurs varient entre 2 et 35 m.

**7-3 Spectres des types biologiques et phytogéographiques**

Les figures suivantes présentent les spectres des types biologiques et phytogéographiques

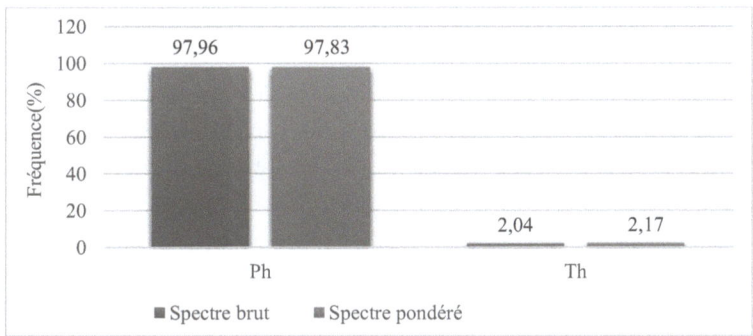

**Figure 91:** Spectre brute et pondéré des types biologiques

De l'observation de la figure 91, il ressort que les phanérophytes sont les plus abondantes (97,96%) et les dominant (97,83%) du spectre brut suivis des thérophytes avec respectivement 2,04 % et 2,17%.

**Tableaux XXVI** : Tableau récapitulatif du spectre brut et pondéré des types biologiques

| TB | N | Spectre brut (%) | RM(%) | Spectre pondéré(%) |
|---|---|---|---|---|
| McPh | 10 | 20,4081633 | 7537,5 | 24,81481481 |
| MgPh | 10 | 20,4081633 | 3920 | 12,90534979 |
| MsPh | 27 | 55,1020408 | 18122,5 | 59,66255144 |
| Phgr | 1 | 2,04081633 | 135 | 0,444444444 |
| Th | 1 | 2,04081633 | 660 | 2,172839506 |

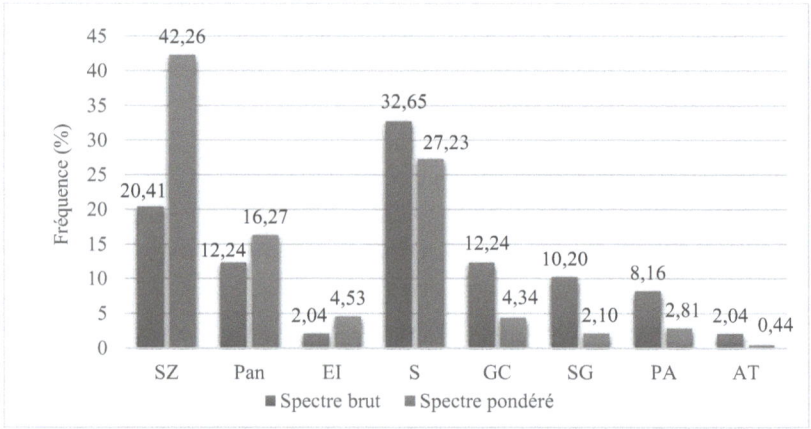

**Figure 92:** Spectre brute et pondéré des types biologiques phytogéographiques

L'analyse de la figure 92 montre que les espèces soudano-zambéziennes sont les plus dominant (42,26%), mais moins abondant (20,41%), suivi des espèces de l'élément de base soudanien avec une proportion d'abondance (32,65%), mais dominant sur tout l'ensemble des relevés avec une proportion de (27,23%). Les espèces pantropicales suivent en termes d'abondance et de dominance respectivement par 12,24% et 16,27%. Les autres espèces phytogéographiques à savoir les espèces introduites, guinéo-congolaises, soudano-guinéennes, plurirégionales africaines et afrotropicales suivent respectivement en terme d'abondance et de dominance par les proportions suivantes : 12,25%, 12,25%, 10,20%, 8,16%, 2,04% et 4,52%, 4,34%, 2,1% puis 0,44%.

## 7-4 Structure horizontale

La structure en circonférence des arbres issus des relevés de la zone d'étude présente une allure en cloche avec un paramètre de forme 'c' de la distribution de Weibull de l'ordre de 19,69 (figure 93). Ceci est caractéristique des peuplements monospécifiques à prédominance d'individus âgés.

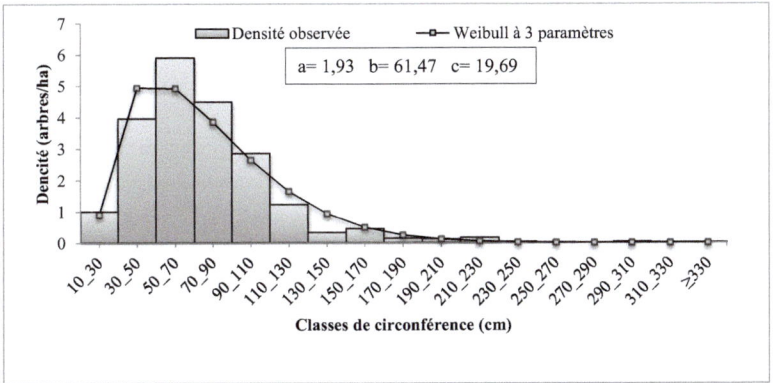

**Figure 93**: Répartition par classes de circonférence des arbres des relevés phytogéographiques

L'examen de la figure 93 montre une forte densité des effectifs de la troisième ($3^{ème}$) classe (50cm $\leq$ c $\leq$ 70cm) et la quatrième ($4^{èmé}$) classe (70cm $\leq$ c $\leq$ 90cm) sur l'ensemble des placeaux. Ils sont suivies par les classes des individus ayant des circonférences comprises entre (30cm $\leq$ c $\leq$ 50cm) et (90cm $\leq$ c $\leq$ 110cm) et des individus de circonférence comprise entre 110 et 130 cm. On note la présence des individus de la classe 150 à 170 cm et une faible représentativité des individus des classes $\geq$ 230 cm. La valeur de la circonférence de l'arbre de surface terrière moyenne est de 85,12 ± 30,89 cm.

**Chapitre VIII : Discussions**

**8-1 Changement climatique et dégradation du couvert végétal**

Les changements climatiques en cours et leur forte hétérogénéité spatiale questionnement la communauté scientifique sur la capacité différentielle des espèces à faire face à ces nouvelles conditions de croissance (Bréda *et al.*, 2006 ; Lindner *et al.*, 2010). Ces modifications environnementales peuvent être directes, avec des levées ou des renforcements de contraintes physiques de croissance (chaleurs, apports en eau), ou bien indirectes, avec une variation de la compétitivité de chaque espèce au sein de la communauté végétale (Bontemps *et al.*, 2011 ; Hughes, 2000). Face aux changements rapides des conditions environnementales et notamment climatiques, deux réactions des espèces végétales peuvent être envisagées :

- **la conservation de la niche écologique** : cette hypothèse stipule que les besoins écologiques des végétaux sont stables dans le temps (Martinez-Meyer et Peterson, 2006 ; Martinez-Meyer *et al.*, 2004 ; Peterson *et al.*, 1999). Une modification de l'environnement conduit ainsi à une modification de la croissance et/ou de la distribution géographique des espèces.

- **La conservation de la distribution** : cette hypothèse stipule que les besoins écologiques des espèces peuvent varier dans le temps, leur permettant ainsi de persister et de maintenir leur rythme de croissance en un point donné malgré les instabilités environnementales. Trois mécanismes majeurs peuvent être distingués : (i) la variabilité génotypique qui induit des différences morphologiques et physiologiques entre les individus d'une même population, permettant à certains d'entre eux de faire face aux variations rapides de l'environnement (Christophel et Gordon, 2004 ; Jump et Penuelas, 2005 ; Meier et Leuschner, 2008 ; Walbot, 1996) ; (ii) la plasticité phénotypique qui permet à chaque individu de faire varier ses caractéristiques morphologiques et physiologiques dans le temps pour s'acclimater a de nouvelles conditions écologiques ; (iii) l'adaptation génétique, qui admet que les individus sont d'autant plus capables de se reproduire qu'ils sont adaptés à leur environnement, tendant ainsi vers une sélection des individus les plus résistants via les cycles de reproduction. Du fait de l'importance croissante et de la rapidité des changements climatiques de ces dernières décennies, il est peu probable que les espèces végétales longévives disposent de suffisamment de temps pour s'adapter génétiquement (Etterson et Shaw, 2001), étant donné l'échelle à laquelle de telles modifications s'opèrent dans le patrimoine génétique des individus (Davis *et al.*, 2005). Sous l'hypothèse d'une conservation de la distribution, il est donc envisageable que les mécanismes sous-jacents majeurs soient la variabilité génotypique entre individus et la plasticité phénotypique (ou acclimatation) (Jump et Penuelas, 2005).

De nombreuses études (suite notamment aux sécheresses de 1976 et 2003) ont montré que des vagues de chaleur ou des sécheresses intenses étaient à l'origine de dysfonctionnements forestiers pouvant aboutir à la mort des arbres (Bréda et Badeau, 2008 ; Leuzinger *et al.*, 2005 ; Pichler et Oberhuber, 2007). Les modèles climatiques prédisant une augmentation de la durée et de l'intensité des sécheresses estivales (Déqué, 2007 ; Planton *et al.*, 2008), nous pouvons supposer que les épisodes de forte sécheresse du $20^{ème}$ siècle correspondront à des années « normales » d'ici quelques décennies.

Les premiers travaux scientifiques mettant en évidence une instabilité temporelle de la croissance des essences remontent au milieu des années 1980 (Becker, 1989 ; Cooper, 1986 ; Lamarche *et al.*, 1984 ; Wigley *et al.*, 1984). Ces travaux, fondés sur une approche dendroécologique, ont révélé une augmentation de la largeur de cerne au cours du $20^{ème}$ siècle, attribuée aux changements climatiques ou à l'augmentation du taux de CO2 atmosphérique. Il est raisonnable de penser qu'a l'échelle de la décennie, les espèces végétales conservent leur niche écologique (Martinez-Meyer et Peterson, 2006 ; Martinez-Meyer *et al.*, 2004 ; Peterson *et al.*, 1999), et que l'impact des changements climatiques sur leur développement et leur survie puisse être apprécié par des modifications de la distribution, du rythme de croissance et de la phénologie. Les arbres se démarquent des autres espèces végétales par leur durée de vie élevée et leur faible capacité de dispersion (Aitken *et al.*, 2008). Ce caractère « statique » laisse supposer que l'impact des changements climatiques sur le développement et la survie des espèces ligneuses longévives se traduisent d'abord par une modification de la croissance et de la phénologie avant une modification de la distribution (Fritts, 1976), cette dernière impliquant des phénomènes massifs de colonisation et de mortalité aux marges des aires de répartition. Hors marges d'aire de répartition, les essences sont ainsi soumises aux changements climatiques sans que ceux-ci soient suffisamment extrêmes pour leur être fatal. À défaut de pouvoir migrer rapidement, les arbres ajustent leur cycle annuel de croissance et de phénologie aux variations interannuelles du climat, mais aussi aux modifications à moyen et long termes du milieu relatives à la dérive climatique. Cette dérive modifie donc peu à peu la hiérarchie des facteurs contrôlant la croissance. Par exemple, le réchauffement observé au cours des dernières décennies se traduit le plus souvent par une levée de contrainte thermique dans les contextes les plus froids (haute altitude ou latitude) (Cooper, 1986 ; D'Arrigo *et al.*, 2008 ; Kharuk et al., 2010 ; Zhang et Wilmking, 2010) et à un renforcement de la contrainte hydrique dans les conditions chaudes et/ou xériques (cas du climat méditerranéen) (Jump *et al.*, 2006 ; Macias et al., 2006 ; Piovesan *et al.*, 2008). La dérive climatique, en plus d'être spatialement hétérogène, peut ainsi avoir des conséquences très variées sur la croissance des arbres selon les caractéristiques initiales du climat régional. Notons ici que ces conséquences peuvent être modulées localement par les conditions stationnelles, et notamment pédologiques (Bréda, 1998 ; Lebourgeois *et al.*, 2005 ; Moir *et al.*, 2011).

Sous l'hypothèse d'un prolongement futur et d'une accélération de la dérive climatique, il apparaît essentiel de quantifier la réponse actuelle des essences aux variations du climat afin de pouvoir anticiper leur impact sur la croissance, la vitalité et la pérennité de ces espèces ligneuses (Allen *et al.*, 2010 ; Lindner *et al.*, 2010 ; Smith, 2011). L'impact du changement climatique est au centre de toutes les attentions (Gornall *et al.*, 2010; Requier-Desjardins, 2010). Cet impact touchera tous les pays du monde, avec une ampleur variable selon les régions (Barrios *et al.*, 2008; Tarhule, 2011). Les zones tropicales connaîtront une augmentation probable (probabilité de 66% à 90%) de l'intensité des cyclones (GIEC, 2007). Les perturbations peuvent accélérer la disparition des espèces et créer des opportunités pour l'établissement de nouvelles espèces (Gitay et al., 2002; FAO, 2007). Les écosystèmes des régions arides et semi-arides seront fortement touchés (Thornton et Herrero., 2009). Les impacts du changement et de la variabilité climatiques nécessiteront une gestion à différentes échelles, à travers l'atténuation et l'adaptation (Ayers et Huq , 2009).

## 8-2 Modifications de l'insolation induites par la dégradation du couvert végétal

Durant le Pléistocène, les variations environnementales à l'origine des grands changements de végétation répondent à des modifications de l'insolation contrôlées par les paramètres orbitaux terrestres (Milankovitch, 1930 ; Berger, 1988 ; Popescu et *al.*, 2006). Ajoutées à ces grandes fluctuations, de nombreuses pulsations de plus courte période affectent aussi le climat global (Heinrich, 1988 ; Bond et *al.*, 1997 ; Ailey, 1998 ; Sarnthein et *al.*, 2001).

Cependant, la connexion qui existe entre le forçage des hautes latitudes et l'influence directe de l'insolation aux tropiques ainsi que la combinaison de leurs influences sur le climat reste encore sujette à controverses (Pokras et Mix, 1987 ; deMenocal, 1995 ; Beaufort, 1996 ; Clemens et Tiedermann, 1997 ; Olago et *al.*, 2000 ; Jackson et Broccoli, 2003 ; Tuenter et *al.*, 2003, 2005 ; Clement et *al.*, 2004 ; Berger et *al.*, 2006 ; Maslin et Christensen, 2007; Davis et Brewer, 2009 ; Lisiecki, 2010). Une meilleure calibration de ces phénomènes permettrait de mieux contraindre les mécanismes en œuvre agissant sur le climat africain.

L'activité solaire connaît elle aussi des fluctuations qui induisent des changements dans le flux d'énergie atteignant la Terre selon plusieurs cyclicités (Yu et al.,1999 ; Hong et al, 2000 ; Chambers et Blackford, 2001 ; Cini Castagnoli et al., 2002) : les cycles de Schwabe avec une périodicité de 8 à 13 ans, les cycles de Gleissberg qui présentent une période de 88 ans, les cycles de Suess avec une périodicité de 210 ans et les cycles de Hallstattzeit dont la période est de 2.300 ans. L'origine des cycles de Hallstattzeit reste encore inconnue et si l'hypothèse d'une source liée à l'activité solaire est évoquée il pourrait également s'agir de variations dans le système océan-atmosphère.

En domaine continental, ces variations environnementales sont documentées par les oscillations passées des niveaux des lacs (Trauth et al., 2003 ; Garein et al., 2006 ; Shanahan et al., 2006) ainsi que les changements intervenus dans la végétation. Dans ce but, plusieurs analyses polliniques ont été entreprises dans la zone intertropicale africaine. Les enregistrements marins autorisent des reconstitutions généralement continues sur d'importantes périodes de temps (Bengo et Maley, 1991 ; Lézine et Vergnaud, 1993 ; Frédoux, 1994 ; Jahns, 1996 ; Jahns et al., 1998 ; Dupont et al., 1998, 2000 ; Marret et al., 1999 ; Lézine et al., 2005) et renseignent sur la dynamique de la végétation d'une large zone géographique.

**8-3 Les alizés et le front de convergence intertropicale**

La région intertropicale, définie par la rencontre entre les deux cellules de Hadley, représente la clé de voûte du système climatologique global (Hastenrath, 1988). L'expression en surface de ces structures cellules de convection est représentée par les alizés (Hastenrath, 1988). Leur convergence génère, par le biais d'une intense évaporation, un front de précipitation dénommé front de convergence intertropicale (ITCZ, pour InterTropicale Convergence Zone) dont les bordures sont caractérisées par une grande sécheresse (Hastenrath, 1988).

Ces changements climatiques intervenant au niveau des tropiques se répercutent aux plus hautes latitudes (Hastenrath, 1988). Si le fonctionnement actuel de ce phénomène est bien renseigné, sa variabilité dans le temps reste sujette à de multiples interrogations, notamment en ce qui concerne les déplacements de l'ITCZ lors de la succession d'épisodes climatiques de plus grande ampleur tels que les changements glaciaires et interglaciaires.

**8-4 Insolation et réchauffement différentiel du globe**

La distribution inégale de l'énergie solaire à l'échelle du globe crée un déséquilibre au sein de la machine climatique (Bearman, 1989). La quantité de radiations solaire reçue, étant bien supérieure à l'Équateur qu'aux pôles, engendre un réchauffement différentiel du globe en fonction de la latitude et engendre l'apparition d'ondes de pression, qui contrôlent en partie les mouvements des fluides que sont l'atmosphère et l'océan. (Bearman, 1989; Rahmstorf, 2002; Pidwirny, 2006).

La distribution de l'énergie solaire à l'échelle du globe via l'atmosphère est assurée par trois cellules de convections dans chaque hémisphère: les cellules de Hadley, de Ferrel et les cellules polaires (Lutgens et Tarbuck, 2000; Pidwirny, 2006). L'intensité des rayonnements dans la zone équatoriale entraîne une forte évaporation. En altitudes la condensation de la vapeur d'eau provoque la formation d'une bande nuageuse connue sous le nom de Zone de Convergence InterTropicale (Hastenrath, 1988). Arrivé dans la haute atmosphère, les masses d'air, maintenant sèches, ne pouvant plus monter sont contraintes au déplacement par le flux constant venant des couches plus basses, s'éloignent de l'Équateur vers le Nord ou le Sud. En se déplaçant vers les pôles, l'air se refroidit, devient dense et plonge vers les latitudes 30 à 35°Nord et Sud. Ce phénomène explique la répartition des zones désertiques sur le globe: c'est la zone de calme subtropical. Dans cette région les masses d'air en surface, entraînées par le flux des couches d'altitudes, se déplacent vers l'Équateur pour compenser le déplacement des masses d'air qui s'élèvent dans cette région (Bearman, 1989).

**8-5 Cellules de convection et forces de Coriolis**

En dépit des mouvements de convections en zone intertropicale, s'organisent suivant des phénomènes similaires deux autres cellules entre 30 et 60° de latitude Nord et Sud (cellules de Ferrel) et entre 60 et 90° de latitude Nord et Sud (cellules polaires) (Bearman, 1989; Lutgens et Tarbuck, 2000; Pidwirny, 2006). La quantité d'énergie solaire reçue dans chaque hémisphère au cours de l'année varie en fonction de la position de la Terre par rapport au soleil. De ce phénomène résulte une intensification des cellules de convection de l'hémisphère Nord lorsque l'hémisphère Sud reçoit plus de rayonnements, et inversement, impactant sur la position de la Zone de Convergence InterTropicale qui, cantonnée entre les deux cellules de Hadley, va se déplacer du Nord au Sud au cours de l'année (Hastenrath, 1988). L'expression en surface de ces cellules de convections se traduit par des courants horizontaux en altitude et en surface (vents) (Bearman, 1989; Lutgens et Tarbuck, 2000; Pidwirny, 2006).

L'air, sous l'influence de la force de Coriolis, évolue autour des centres anticycloniques et dépressionnaires respectivement dans le sens horaire et antihoraire dans l'hémisphère Nord (et inversement dans l'hémisphère Sud). Les masses d'air vont progressivement acquérir les caractéristiques thermiques et hydriques des régions, terrestres ou marines, au-dessus desquelles elles se déplacent (Pidwirny, 2006). Leurs déplacements suivant les gradients thermiques assurent un équilibrage en termes de température et d'humidité entre les continents et les océans.

## 8-6 Distribution de la chaleur par les masses d'eau

Le deuxième mode de distribution de la chaleur à l'échelle du globe est assuré par le mouvement des masses d'eau. On y distingue deux composantes: la circulation de surface et la circulation profonde qui réagissent à plusieurs types de forces telles que la température, la densité, la salinité, etc. (Broecker, 1987; Hastenrath, 1988; Bearman, 1989). Ces différents paramètres engendrent des différences de pression entraînant la mise en mouvement des masses d'eau. Ces courants ainsi générés sont néanmoins dépendants de la circulation atmosphérique de surface ainsi que de la configuration des masses continentales (Bearman, 1989). Via des processus d'évaporation/précipitation les paramètres température et salinités des masses d'eau variant entraînant l'apparition de différences de densité qui vont engendrer des mouvements verticaux: la circulation thermohaline. La source du mouvement de ces masses d'eaux se trouve au contact avec les glaces de mer aux hautes latitudes. Le contact avec l'air des régions polaires et la formation de glace génère un refroidissement et une augmentation de la salinité des masses d'eau qui deviennent plus denses et plongent. Par conservation de la masse, cette eau va être remplacée par de l'eau de surface et remonter ailleurs. Ce phénomène induit la formation d'une circulation dans le plan vertical (Broecker, 1987; Hastenrath, 1988).

## 8-7 Les fluctuations de la mousson ouest-africaine

Suivant les mouvements latitudinaux du maximum d'insolation au sol, l'ITCZ se décale au Nord durant l'été boréal et vers le Sud durant l'été austral, générant alors une alternance des périodes sèches et humides (Hastenrath, 1988; Black et *al.*, 1999). Cette oscillation s'effectue de manière asymétrique par rapport à l'Équateur et l'interaction des paramètres climatiques globaux insuffle au tracé de l'ITCZ une courbure sigmoïdale au-dessus de l'Afrique (Hastenrath, 1984). Ce phénomène résulte de la rencontre entre les alizés continentaux chauds et secs du Nord-Est, nommés Harmattan, et les masses d'air océaniques chargées en humidité. Ces dernières correspondent au changement de direction des alizés du Sud-Est qui, une fois l'Équateur franchi, deviennent la mousson du Sud-Ouest venant s'insérer sous l'Harmattan. Il résulte de cette rencontre un confinement de la zone de précipitations au sud de l'ITCZ précédée d'une zone de tornades (Hastenrath, 1988). Ce phénomène est connu sous le nom de la mousson ouest-africaine dont la position varie latitudinalement au cours de l'année en suivant la position de l'ITCZ elle-même associée aux cellules anticycloniques (des Açores au Nord, de Sainte-Hélène au Sud) (Black et al., 1999).

L'ensemble de ces paramètres contrôle les variations de la zone de précipitations au-dessus du continent africain sur une étendue allant de 20° Nord jusqu'aux voisinages de 30° Sud. Ainsi, avec les déplacements durant l'année au gré des fluctuations de l'ITCZ, s'installe une double saisonnalité marquée par des saisons humides (étés boréal et austral) correspondant à des périodes de renforcement de la mousson et des saisons sèches (hivers boréal et austral) caractérisées par un renforcement des alizés.

Cependant, résumer les fluctuations de cette zone de mousson à un simple lien direct insolation/ITCZ est trop réducteur. En ce qui concerne la position de la zone de mousson ouest-africaine, plusieurs études ont montré l'importance:

- Des anomalies de températures de surfaces océaniques (Sea Surface Temperature Anomalies ou SSTAs en anglais) (Nicholson et Selato, 2000 ; Sutton et *al.*, 2000 ; Paeth et Friederichs, 2004).

- Des changements dans le mode de fonctionnement du phénomène ENSO (El Nino/Southern Oscillation) (Nicholson et Selato, 2000; Paeth et Friederichs, 2004).

- Des instabilités du courant-jet africain d'Est (courant d'altitude orientée Est-Ouest lié à des gradients de température et d'humidité entre le golfe de Guinée et le Sahel) (Cook, 1999 ; Nicholson et Grist, 2001).

La zone de climat tropical humide entoure la région équatoriale et représente le climat le plus classique de l'Afrique intertropicale. Les conditions climatiques saisonnières y sont de plus en plus contrastées avec l'éloignement à l'Équateur. Ces régions enregistrent des amplitudes thermiques annuelles voisines de 10 °C et des précipitations variant entre 500 et 1500 mm par an (Leroux, 1983). Le régime tropical présente un maximum de précipitations en fonction de la position de l'ITCZ marquant une saison humide et fraîche en été et chaude et sèche en hiver avec une forte influence des alizés.

## 8-8 Le mode dipolaire et la variation interannuelle et saisonnière de l'ITCZ

Dans la zone tropicale atlantique, l'interaction des circulations atmosphériques et océaniques se traduit par des variations interannuelles et saisonnières de l'ITCZ dont leurs pendants océaniques correspondent à des anomalies de température et de salinité agissant sur les mouvements des masses d'eau. Deux modes de variabilité climatique interannuelle peuvent être identifiés (Fontaine et *al.*, 1999): un mode équatorial, analogue à un phénomène de type El Nino, mais de moindre ampleur, et un mode dipolaire.

Le mode équatorial est responsable de phases de réchauffement (ou de refroidissement) des eaux de surface (SSTs pour Sea Surface Temperatures) du Golfe de Guinée. Des épisodes de renforcement des alizés poussent les masses d'eau de surface vers l'ouest de la zone équatoriale atlantique. Pour équilibrer cet afflux s'instaure un courant inverse en profondeur. Ce phénomène entraîne une remontée de la thermocline du côté Est du bassin via un processus d'upwelling amenant des eaux froides en surface en générant des SSTs négatives. Le processus inverse se produit en cas d'affaiblissement des alizés qui permettent la mise en place d'un train d'ondes d'ouest en est entraînant des masses d'eau chaude de surface à venir bloquer l'upwelling le long de la bordure est de l'Atlantique tropicale (Servain et *al.*, 1998). Ce phénomène se produit avec une périodicité de deux à quatre ans entraînant des variations de température pouvant atteindre 3 à 4 °C dans la partie la plus interne du Golfe de Guinée.

Le mode dipolaire, particulièrement marqué en Atlantique tropical, est lié à des anomalies se produisant dans le mouvement latitudinal annuel de l'ITCZ., La position de l'ITCZ se déplace au-delà de ses positions saisonnières habituelles avec une périodicité de trois à dix ans. Il résulte de ce phénomène un déplacement de la zone des précipitations associé à des changements dans les répartitions des SSTs (Chang et *al.*, 1997, 2000).

Ces deux modes de variabilités climatiques sont liés entre eux par le biais de déplacements latitudinaux de l'ITCZ induits par des fluctuations atmosphériques (Servain et *al.*, 1998). Des études récentes montrent un lien entre ces modes de variabilité tropicale atlantique et la zone méditerranéenne suggérant des changements dans l'intensité de la circulation au niveau de la cellule de Hadley Nord et Sud (Losada et *al.*, 2010).

**8-9 Particularités climatologiques du Golfe de Guinée**

Dans le Golfe de Guinée, la dynamique du couple océan/atmosphère entraîne la mise en place d'une circulation complexe. Ce système se déplace selon un gradient latitudinal au cours de l'année en suivant les fluctuations de l'ITCZ (Fisher et Wefer, 1996). Les alizés du Sud-Est entraînent le courant du Benguela qui se déplace vers le Nord en longeant les côtes africaines sud-occidentales puis se divisent en deux branches, l'une se dirigeant vers le Nord-Ouest en s'éloignant des côtes, le courant océanique du Benguela (COB), l'autre longeant les côtes vers le Nord, le courant côtier du Benguela (CCB) (Peterson et Stramma, 1991; Stramma et England, 1999). Le long de la côte nord du Golfe de Guinée, les eaux chaudes, salines et pauvres en nutriments du courant de Guinée (CG) circulent vers l'Est. Poussé par les alizés, le courant sud-équatorial (CSE) se développe plus au Sud en sens opposé, compensé par le contre-courant sud équatorial (CCSE) dirigé vers l'Est et en sub-surface par le subcourant équatorial (SCE). Cet ensemble forme la partie de la gyre océanique du Sud-Est atlantique dont la «boucle» se ferme à l'Est du bassin le courant d'Angola dirigé vers le Sud (Gordon et Bosley, 1991).

La diminution de l'influence des vents au Nord de la latitude 15° Sud permet la rencontre du courant côtier du Benguela avec le courant côtier de l'Angola dirigé vers le Sud, formant le front Angola/Benguela et générant au Nord une accumulation de masses d'eau, le dôme d'Angola (Meeuwis et Lutjeharms, 1990). Les déplacements de cette structure à l'échelle saisonnière ou décennale sont contrôlés par des phases d'augmentation ou de diminution de l'intensité des alizés (Shannon et *al.*, 1987 ; Shannon et Nelson, 1996).

L'interaction entre les alizés du Sud-Est et le courant du Benguela génère une zone permanente d'upwelling permettant la remontée de masses d'eau profonde froide et riches en nutriments (Van et Berger, 1984). Cette zone se cantonne à la latitude 15° Sud en raison d'un changement dans la direction des vents. Au cours de l'année, l'intensification des alizés du Sud-Est provoque la migration vers le Nord permettant à la zone d'upwelling de s'étendre sous l'impulsion de vents favorables (Chapman et Shannon, 1987 ; Mohrholz et *al.*, 2001).

Dans la partie plus septentrionale du Golfe de Guinée ainsi qu'au centre du bassin se développe également des upwellings saisonniers dont l'activité est directement dépendante de la force des vents, plus importante de Juillet à Septembre (Herbland et *al.*, 1983 ; Bearman, 1989).

**8-10 La désertification est induite par l'homme et le climat**

Les facteurs de désertification sont d'ordre naturel « climat » et anthropique « surpâturage, déboisement, pratiques culturales inadaptées » (Begni et *al.*, 2007). Plusieurs auteurs estiment que « la distribution des espèces végétales et leurs comportements saisonniers sont largement influencés par le climat » (Courel, 1985 ; Charmard et Courel, 1999).

La péjoration climatique demeure une réalité constante. En effet les autres modifications climatiques induites (fréquence des pluies, augmentation du rayonnement thermique et du régime des vents chauds et secs, régression et fugacité de la nébulosité, périodes hivernales plus courtes) ont passablement étendu le champ des potentialités bien au sud de la zone sahélo-saharienne autrefois trop humide avec des fructifications aléatoires (Morou et Jahiel, 1990). Protéger certains espaces est devenu une nécessité face aux agressions climatiques et pressions anthropiques. Cette hypothèse se confirme par l'importance donnée aux aires protégées dans la conservation de la biodiversité (Mahamane, 2005 ; Paré, 2008 ; Ouédraogo, 2009). Etene et *al* (2007) ont conclu que le ruissellement pluvial est l'élément fondamental de la dégradation de l'environnement.

## Conclusion

La dégradation du couvert végétal dans la forêt classée d'Agoua est sous la commande de la sécheresse, du stress hydrique, des péjorations pluviométriques, et de la pression humaine. L'érosion hydrique a occasionné depuis 1990 à nos jours une déminéralisation intensive du sol. La fragmentation des agrégats du couvert végétal s'accentue les années durant, occasionnant ainsi une disparité spatiale généralisée du couvert végétal. Les NDVI ont véritablement régressé dans le temps et dans l'espace. La santé de la végétation est menacée et la densité chlorophyllienne sur le paysage forestier diminue expressivement. La préoccupation accrue de l'humanité aux changements climatiques a engendré de nombreuses études de rétrospection et de suivi du climat pour en comprendre les principes et pour anticiper son évolution. Le développement des connaissances sur les interactions qui existent entre végétation, action de l'homme et climat répond au besoin important de mieux comprendre les modifications inéluctables des écosystèmes. L'approche conjointe de la végétation et du climat a nécessité une réflexion approfondie sur les échelles spatiales et temporelles appropriées. La détermination des classes de végétation et la sélection des échantillons a nécessité la recherche et la mise en place de bases de données numériques ou analogiques, concernant des informations climatiques (précipitations, températures, couvertures de nuages), de couvert végétal (indices, classifications). A cela se sont ajoutées des données complémentaires permettant de connaître le degré d'anthropisation de la végétation : localisation des aires agricoles, des unités de conservation, de l'hydrographie, des routes. Par ailleurs, il est nécessaire de prendre en compte d'autres critères d'observations issus par exemple de travaux de recherche portant sur l'écologie végétale.

Une première perspective est d'étendre l'étude de la végétation sur les années plus récentes avec les données NOAA qui sont les seules à fournir une couverture sur plus de 20 ans. Rappelons qu'un paramètre crucial lors d'une l'étude climatique est la disponibilité de longues séries temporelles. Une première tentative a été menée dans ce sens, mais le nouveau jeu de données actuellement disponible s'est révélé poser des problèmes qu'il faut commencer par résoudre. Une autre perspective est d'adapter notre approche de détection de la déforestation aux nouvelles données satellitaires disponibles (MODIS, CBERS). Ceci permettra d'approfondir les résultats, à savoir l'identification des zones de reboisement et de certaines classes florestales perdant leurs feuilles en fin de saison sèche. La facilité de mise en œuvre de cette méthodologie est également prometteuse pour mener des études globales sur les forêts tropicales.

# ANNEXE

**Tableau I:** Espèces ligneuses rencontrées dans la forêt d'Agoua

| TB | TP | Espèces (Noms scientifiques) | Familles |
|----|-----|------------------------------|----------|
| MsPh | SZ | *Acacia polyacantha Willd. ssp.campylacantha (Hochst. ex A.Rich.Brenan* | Leguminosae-Mim. |
| MsPh | S | *Afzelia africana Sm* | Leguminosae-Cae. |
| MsPh | GC | *Albizia malacophylla (A. Rich.) Walp* | Fabaceae |
| Mcph | Pan | *Anacardium occidentale L.* | Anacardiaceae |
| MsPh | SZ | *Anogeissus leiocarpa (De.) Guill. & Perr* | Combretaceae |
| MsPh | S | *Bombax costatum Pellegr. & Vuillet* | Bombacaceae |
| MgPh | SZ | *Bridelia ferruginea Benth.* | Euphorbiaceae |
| MgPh | Pan | *Ceiba pentandra (L.) Gaertn.* | Bombacaceae |
| MgPh | GC | *Cola gigantea A.Chev. var. glabrescens Brenan & Keay* | Sterculiaceae |
| MsPh | S | *Combretum collinum Fresen.* | Combretaceae |
| Mcph | SZ | *Combretum glutinosum Perr. ex De.* | Combretaceae |
| Phgr | AT | *Combretum paniculatum Vent.* | Combretaceae |
| MsPh | SZ | *Crossopteryx febrifuga (Afzel. ex G. Don) Benth.* | Rubiaceae |
| Mcph | Pan | *Cynoglossum lanceolatum Forssk. SSp.lanceolatum* | Boraginaceae |
| MsPh | SZ | *Daniellia oliveri (Rolfe) Hutch.&Dalziel* | Leguminosae-Cae. |
| Mcph | S | *Detarium microcarpum Guill. & Perr.* | Leguminosae-Cae. |
| Mcph | GC | *Ekebergia capensis Sparrm.* | Meliaceae |
| MsPh | GC | *Ficus exasperata Vahl* | Moraceae |
| Mcph | S | *Ficus glumosa Delile* | Moraceae |
| Mcph | S | *Gmelina arborea Roxb* | Verbenaceae |
| Mcph | PA | *Hymenocardia acida Tul.* | Phyllantaceae |
| MsPh | S | *Isoberlinia doka Craib & Stapf* | Leguminosae-Cae. |
| MsPh | S | *Khaya senegalensis (Desr.) A.Juss.* | Meliaceae |
| MsPh | SG | *Lannea kerstingii Engl. & K. Krause* | Anacardiaceae |
| MsPh | SZ | *Lannea microcarpa Engl. & K.Krause* | Anacardiaceae |

**Tableaux I** : Espèces ligneuses rencontrées dans la forêt d'Agoua (suite)

| TB | TP | Espèces *(Noms scientifiques)* | Familles |
|------|------|-----------------------------------------------|---------------------|
| MsPh | SG | *Lannea velutina A. Rich.* | Anacardiaceae |
| MsPh | S | *Lophira lanceolata Tiegh. ex Keay* | Ochnaceae |
| MsPh | Pan | *Mangifera indica L.* | Anacardiaceae |
| Mcph | SG | *Maranthes polyandra (Benth. ) Prance* | Chrysobalanaceae |
| Th | PA | *Margaritaria discoidea (Baill.) G.L. Webster* | Phyllantaceae |
| MgPh | GC | *Milicia excelsa (Welw.) C.C.Berg* | Moraceae |
| MsPh | SZ | *Mitragyna inermis (Willd.) Kuntze* | Rubiaceae |
| MsPh | SZ | *Monotes kerstingii Gilg* | Dipterocarpaceae |
| MsPh | S | *Parkia biglobosa (Jacq.) R.Br. ex Benth* | Leguminosae-Mim. |
| MsPh | S | *Prosopis africana (Guill. & Perr.) Taub.* | Leguminosae-Mim. |
| MgPh | S | *Pseudocedrela kotschyi (Schweinf.) Harms* | Meliaceae |
| MsPh | S | *Pterocarpus erinaceus Poir.* | Leguminosae-Pap. |
| MsPh | S | *Sterculia setigera Delile* | Sterculiaceae |
| MsPh | Pan | *Tamarindus indica L* | Leguminosae-Cae. |
| MgPh | EI | *Tectona grandis L.f.* | Verbenaceae |
| MsPh | SG | *Terminalia albida Scott-Elliot* | Combretaceae |
| MsPh | SG | *Terminalia avicennioides Guill. & Perr.* | Combretaceae |
| MgPh | S | *Terminalia laxiflora Engl.* | Combretaceae |
| MgPh | S | *Terminalia macroptera Guill. & Perr.* | Combretaceae |
| MgPh | PA | *Terminalia mollis M. A. Lawson* | Combretaceae |
| Mcph | PA | *Tricalysia okelensis Hiern var. okelensis* | Rubiaceae |
| MsPh | SZ | *Trichilia emetica Vahl* | Meliaceae |
| MgPh | GC | *Triplochiton scleroxylon K.Schum* | Sterculiaceae |
| Mcph | S | *Vitelaria paradoxa C.F.Gaertn. ssp.paradoxa* | Scrophulariaceae |

**Tableau II** : Importance spécifique et générique des familles

| Familles | Importance spécifique | | Importance générique | |
|---|---|---|---|---|
| | N | FR (%) | N | FR (%) |
| Anacardiaceae | 5 | 10,20 | 5 | 10,64 |
| Bombacaceae | 2 | 4,08 | 2 | 4,26 |
| Boraginaceae | 1 | 2,04 | 1 | 2,13 |
| Chrysobalanaceae | 1 | 2,04 | 1 | 2,13 |
| Combretaceae | 9 | 18,37 | 8 | 17,02 |
| Dipterocarpaceae | 1 | 2,04 | 1 | 2,13 |
| Euphorbiaceae | 1 | 2,04 | 1 | 2,13 |
| Fabaceae | 1 | 2,04 | 1 | 2,13 |
| Leguminosae-Caesalpinioideae | 5 | 10,20 | 5 | 10,64 |
| Leguminosae-Mimosoideae | 3 | 6,12 | 3 | 6,38 |
| Leguminosae-Papilionoideae | 1 | 2,04 | 1 | 2,13 |
| Meliaceae | 4 | 8,16 | 4 | 8,51 |
| Moraceae | 3 | 6,12 | 2 | 4,26 |
| Ochnaceae | 1 | 2,04 | 1 | 2,13 |
| Phyllantaceae | 2 | 4,08 | 2 | 4,26 |
| Rubiaceae | 3 | 6,12 | 3 | 6,38 |
| Scrophulariaceae | 1 | 2,04 | 1 | 2,13 |
| Sterculiaceae | 3 | 6,12 | 3 | 6,38 |
| Verbenaceae | 2 | 4,08 | 2 | 4,26 |
| Total | 49 | 100 | 47 | 100 |

<u>Tableau III</u> : **Paramètres de diversité**

|      | N  | H'   | H'max | E    |
|------|----|------|-------|------|
| P1   | 38 | 2,92 | 5,25  | 0,56 |
| P2   | 53 | 2,51 | 5,73  | 0,44 |
| P3   | 73 | 2,60 | 6,19  | 0,42 |
| P4   | 49 | 2,06 | 5,61  | 0,37 |
| P5   | 24 | 2,73 | 4,58  | 0,60 |
| P6   | 31 | 2    | 4,95  | 0,40 |
| P7   | 18 | 2,22 | 4,17  | 0,53 |
| P8   | 13 | 1    | 3,70  | 0,27 |
| P9   | 16 | 1,49 | 4     | 0,37 |
| P10  | 13 | 1,15 | 3,70  | 0,31 |
| P11  | 20 | 2,55 | 4,32  | 0,59 |
| P12  | 17 | 1,61 | 4,09  | 0,39 |
| P13  | 23 | 1,63 | 4,52  | 0,36 |
| P14  | 41 | 0,96 | 5,36  | 0,18 |
| P15  | 23 | 0,67 | 4,52  | 0,15 |
| P16  | 19 | 1,57 | 4,25  | 0,37 |
| P17  | 22 | 2,17 | 4,46  | 0,49 |
| P18  | 8  | 1,50 | 3     | 0,50 |
| P19  | 25 | 2    | 4,64  | 0,43 |
| P20  | 23 | 1,52 | 4,52  | 0,34 |
| P21  | 16 | 1,51 | 4,00  | 0,38 |
| P22  | 14 | 2,16 | 3,81  | 0,57 |
| P23  | 14 | 2,18 | 3,81  | 0,57 |
| P24  | 10 | 1,30 | 3,32  | 0,39 |
| P25  | 18 | 1,57 | 4,17  | 0,38 |
| P26  | 20 | 2,18 | 4,32  | 0,50 |
| P27  | 18 | 2,14 | 4,17  | 0,51 |
| P28  | 22 | 2,53 | 4,46  | 0,57 |
| P29  | 13 | 1,74 | 3,70  | 0,47 |
| P30  | 16 | 2,63 | 4,00  | 0,66 |
| P31  | 9  | 2,73 | 3,17  | 0,86 |
| P32  | 17 | 2,98 | 4,09  | 0,73 |
| P33  | 15 | 2,61 | 3,91  | 0,67 |
| P34  | 19 | 1,47 | 4,25  | 0,35 |
| P35  | 27 | 0,99 | 4,75  | 0,21 |
| P36  | 22 | 0,68 | 4,46  | 0,15 |
| P37  | 15 | 0,97 | 3,91  | 0,25 |
| P38  | 27 | 1,91 | 4,75  | 0,40 |
| P39  | 21 | 1,92 | 4,39  | 0,44 |
| P40  | 14 | 1,58 | 3,81  | 0,41 |

|  | N | H' | H'max | E |
|---|---|---|---|---|
| P41 | 21 | 1,46 | 4,39 | 0,33 |
| P42 | 18 | 1,35 | 4,17 | 0,32 |
| P43 | 15 | 1,40 | 3,91 | 0,36 |
| P44 | 23 | 1,81 | 4,52 | 0,40 |
| P45 | 16 | 0,90 | 4,00 | 0,22 |
| P46 | 12 | 1,19 | 3,58 | 0,33 |
| P47 | 19 | 2,52 | 4,25 | 0,59 |
| P48 | 16 | 1,19 | 4 | 0,30 |
| P49 | 26 | 2,05 | 4,70 | 0,44 |
| P50 | 18 | 2,44 | 4,17 | 0,59 |
| P51 | 28 | 2,16 | 4,81 | 0,45 |
| P52 | 20 | 1,83 | 4,32 | 0,42 |
| P53 | 22 | 2,73 | 4,46 | 0,61 |
| P54 | 25 | 1,68 | 4,64 | 0,36 |
| P55 | 30 | 2,13 | 4,91 | 0,43 |
| P56 | 17 | 1,76 | 4,09 | 0,43 |
| P57 | 13 | 1,42 | 3,70 | 0,38 |
| P58 | 16 | 2 | 4 | 0,50 |
| P59 | 23 | 2,52 | 4,52 | 0,56 |
| P60 | 22 | 2,76 | 4,46 | 0,62 |
| P61 | 23 | 2,63 | 4,52 | 0,58 |
| P62 | 20 | 2,53 | 4,32 | 0,58 |
| P63 | 12 | 2,19 | 3,58 | 0,61 |
| P64 | 14 | 2,66 | 3,81 | 0,70 |
| P65 | 13 | 1,55 | 3,70 | 0,42 |
| P66 | 18 | 1,97 | 4,17 | 0,47 |
| P67 | 18 | 3,34 | 4,17 | 0,80 |
| P68 | 16 | 1,20 | 4 | 0,30 |
| P69 | 15 | 1,60 | 3,91 | 0,41 |
| P70 | 16 | 2,86 | 4 | 0,71 |
| P71 | 21 | 2,07 | 4,39 | 0,47 |
| P72 | 32 | 2,58 | 5 | 0,52 |
| P73 | 16 | 1,42 | 4 | 0,36 |
| P74 | 8 | 1,50 | 3 | 0,50 |
| P75 | 12 | 1,04 | 3,58 | 0,29 |
| P76 | 23 | 1,72 | 4,52 | 0,38 |
| P77 | 27 | 2,65 | 4,75 | 0,56 |
| P78 | 18 | 2,17 | 4,17 | 0,52 |
| P79 | 27 | 2,98 | 4,75 | 0,63 |
| P80 | 19 | 2,39 | 4,25 | 0,56 |
| Moyenne | 20,80 | 1,94 | 4,26 | 0,46 |
| Ecartype | 9,85 | 0,62 | 0,55 | 0,14 |

**Tableau IV** : **Paramètres structuraux**

| Relevés | D (N/h) | G (m²/ha) | Gi | Ci² | Cg (cm)= ($\sqrt{ci^2/N}$)*100 | N_espèces |
|---------|---------|-----------|-----|-----|-------------|-----------|
| P1 | 0,0038 | 19598,06 | 1,96 | 24,64 | 80,52 | 38 |
| P2 | 0,0053 | 24302,28 | 2,43 | 30,55 | 75,92 | 53 |
| P3 | 0,0073 | 30681,09 | 3,07 | 38,57 | 72,69 | 73 |
| P4 | 0,0049 | 25312,97 | 2,53 | 31,82 | 80,59 | 49 |
| P5 | 0,0024 | 13169,69 | 1,32 | 16,56 | 83,06 | 24 |
| P6 | 0,0031 | 16052,87 | 1,61 | 20,18 | 80,68 | 31 |
| P7 | 0,0018 | 13162,93 | 1,32 | 16,55 | 95,88 | 18 |
| P8 | 0,0013 | 2225,44 | 0,22 | 2,80 | 46,39 | 13 |
| P9 | 0,0016 | 5514,33 | 0,55 | 6,93 | 65,82 | 16 |
| P10 | 0,0013 | 7410,61 | 0,74 | 9,32 | 84,65 | 13 |
| P11 | 0,002 | 9119,51 | 0,91 | 11,46 | 75,71 | 20 |
| P12 | 0,0017 | 6507,14 | 0,65 | 8,18 | 69,37 | 17 |
| P13 | 0,0023 | 8294,20 | 0,83 | 10,43 | 67,33 | 23 |
| P14 | 0,0041 | 12226,63 | 1,22 | 15,37 | 61,23 | 41 |
| P15 | 0,0023 | 5332,78 | 0,53 | 6,70 | 53,99 | 23 |
| P16 | 0,0019 | 4123,06 | 0,41 | 5,18 | 52,23 | 19 |
| P17 | 0,0022 | 14047,67 | 1,40 | 17,66 | 89,59 | 22 |
| P18 | 0,0008 | 1291,18 | 0,13 | 1,62 | 45,04 | 8 |
| P19 | 0,0025 | 11768,93 | 1,18 | 14,80 | 76,93 | 25 |
| P20 | 0,0023 | 7284,06 | 0,73 | 9,16 | 63,10 | 23 |
| P21 | 0,0016 | 5305,28 | 0,53 | 6,67 | 64,56 | 16 |
| P22 | 0,0014 | 6468,48 | 0,65 | 8,13 | 76,21 | 14 |
| P23 | 0,0014 | 9023,95 | 0,90 | 11,34 | 90,02 | 14 |
| P24 | 0,001 | 22299,85 | 2,23 | 28,03 | 167,43 | 10 |
| P25 | 0,0018 | 6463,25 | 0,65 | 8,13 | 67,19 | 18 |
| P26 | 0,002 | 9004,37 | 0,90 | 11,32 | 75,23 | 20 |
| P27 | 0,0018 | 11354,48 | 1,14 | 14,27 | 89,05 | 18 |
| P28 | 0,0022 | 22940,91 | 2,29 | 28,84 | 114,49 | 22 |
| P29 | 0,0013 | 9870,04 | 0,99 | 12,41 | 97,70 | 13 |
| P30 | 0,0016 | 18808,84 | 1,88 | 23,65 | 121,57 | 16 |
| P31 | 0,0009 | 7450,23 | 0,75 | 9,37 | 102,01 | 9 |
| P32 | 0,0017 | 20176,01 | 2,02 | 25,36 | 122,15 | 17 |
| P33 | 0,0015 | 8181,81 | 0,82 | 10,29 | 82,81 | 15 |
| P34 | 0,0019 | 11036,53 | 1,10 | 13,87 | 85,45 | 19 |
| P35 | 0,0027 | 11449,08 | 1,14 | 14,39 | 73,01 | 27 |
| P36 | 0,0022 | 10160,58 | 1,02 | 12,77 | 76,20 | 22 |
| P37 | 0,0015 | 5854,57 | 0,59 | 7,36 | 70,05 | 15 |
| P38 | 0,0027 | 9716,22 | 0,97 | 12,21 | 67,26 | 27 |
| P39 | 0,0021 | 7101,06 | 0,71 | 8,93 | 65,20 | 21 |
| P40 | 0,0014 | 5127,05 | 0,51 | 6,45 | 67,85 | 14 |
| P41 | 0,0021 | 14032,58 | 1,40 | 17,64 | 91,65 | 21 |

| Relevés | D(N/h) | G(m²/ha) | Gi | Ci² | Cg(cm)= (√ci²/N)*100 | N_espèces |
|---------|--------|----------|------|--------|------------------------|-----------|
| P42 | 0,0018 | 12070,65 | 1,21 | 15,17 | 91,82 | 18 |
| P43 | 0,0015 | 6270,21 | 0,63 | 7,88 | 72,49 | 15 |
| P44 | 0,0023 | 9700,01 | 0,97 | 12,19 | 72,81 | 23 |
| P45 | 0,0016 | 6296,74 | 0,63 | 7,92 | 70,34 | 16 |
| P46 | 0,0012 | 8391,17 | 0,84 | 10,55 | 93,76 | 12 |
| P47 | 0,0019 | 9439,41 | 0,94 | 11,87 | 79,03 | 19 |
| P48 | 0,0016 | 12624,42 | 1,26 | 15,87 | 99,60 | 16 |
| P49 | 0,0026 | 21355,42 | 2,14 | 26,85 | 101,62 | 26 |
| P50 | 0,0018 | 8488,69 | 0,85 | 10,67 | 77,00 | 18 |
| P51 | 0,0028 | 22380,51 | 2,24 | 28,14 | 100,24 | 28 |
| P52 | 0,002 | 14275,00 | 1,43 | 17,95 | 94,73 | 20 |
| P53 | 0,0022 | 10290,40 | 1,03 | 12,94 | 76,68 | 22 |
| P54 | 0,0025 | 14717,82 | 1,47 | 18,50 | 86,03 | 25 |
| P55 | 0,003 | 14246,51 | 1,42 | 17,91 | 77,27 | 30 |
| P56 | 0,0017 | 12265,75 | 1,23 | 15,42 | 95,24 | 17 |
| P57 | 0,0013 | 14060,22 | 1,41 | 17,68 | 116,60 | 13 |
| P58 | 0,0016 | 13934,77 | 1,39 | 17,52 | 104,64 | 16 |
| P59 | 0,0023 | 13634,57 | 1,36 | 17,14 | 86,33 | 23 |
| P60 | 0,0022 | 9324,16 | 0,93 | 11,72 | 72,99 | 22 |
| P61 | 0,0023 | 6699,32 | 0,67 | 8,42 | 60,51 | 23 |
| P62 | 0,002 | 7397,97 | 0,74 | 9,30 | 68,19 | 20 |
| P63 | 0,0012 | 2982,32 | 0,30 | 3,75 | 55,90 | 12 |
| P64 | 0,0014 | 5683,60 | 0,57 | 7,15 | 71,44 | 14 |
| P65 | 0,0013 | 4458,20 | 0,45 | 5,60 | 65,66 | 13 |
| P66 | 0,0018 | 9777,65 | 0,98 | 12,29 | 82,64 | 18 |
| P67 | 0,0018 | 8796,61 | 0,88 | 11,06 | 78,38 | 18 |
| P68 | 0,0016 | 8967,95 | 0,90 | 11,27 | 83,94 | 16 |
| P69 | 0,0015 | 10999,94 | 1,10 | 13,89 | 96,02 | 15 |
| P70 | 0,0016 | 8655,66 | 0,87 | 10,88 | 82,47 | 16 |
| P71 | 0,0021 | 11509,35 | 1,15 | 14,47 | 83,01 | 21 |
| P72 | 0,0032 | 15580,41 | 1,56 | 19,59 | 78,24 | 32 |
| P73 | 0,0016 | 13017,30 | 1,30 | 16,36 | 101,13 | 16 |
| P74 | 0,0008 | 46731,44 | 4,67 | 58,75 | 270,99 | 8 |
| P75 | 0,0012 | 37072,00 | 3,71 | 46,60 | 197,07 | 12 |
| P76 | 0,0023 | 8299,30 | 0,83 | 10,43 | 67,35 | 23 |
| P77 | 0,0027 | 7714,16 | 0,77 | 9,70 | 59,93 | 27 |
| P78 | 0,0018 | 7460,89 | 0,75 | 9,38 | 72,19 | 18 |
| P79 | 0,0027 | 18368,72 | 1,84 | 23,09 | 92,48 | 27 |
| P80 | 0,0019 | 10927,56 | 1,09 | 13,74 | 85,03 | 19 |
| Som | | | 95,41 | 1199,46 | 6809,60 | 1664 |
| Moy | 0,00208 | 11926,47 | | | 85,12 | 20,8 |
| Ecar | 0,00098 | 7448,26 | | | 30,89 | 9,85 |

## Bibliographie

1. Ackermann G., Alexandre F., Andrieu J., Mering C., Ollivier C. (2007). Dynamique des paysages et perspectives de développement durable sur le Petite Côte et dans le delta du Sine-Saloum (Sénégal). Vertigo Vol. 7, N°2, Art.16. mis en ligne le 08 septembre 2006, consulté le 10 juillet 2014. URL : http://vertigo.revues.org/2206 ; DOI : 10.4000/vertigo.2206.

2. Adams M., Norvell A., Philpot D., Peverly J. (2000). Spectral detection of micronutrient deficiency in Bragg soybean. Agronomy Journal 92, pp: 261-268.

3. Adomou A.C. (2005). Vegetation patterns and environmental gradient in Benin: Implications for biogeography and conservation. PhD thesis. Wagening en University, the Netherlands. 136 p.

4. Afouda F. (1990). L'eau et les cultures dans le Bénin central et septentrional : étude de la variabilité des bilans de l'eau dans leurs relations avec le milieu rural de la savane africaine. Thèse de Doctorat nouveau régime, Univ. Paris IV (Sorbonne), Institut de Géographie, 428 p.

5. Agbangla C., Dansi A., Ahanhanzo C., Alavo T.B.C., Daïnou O., Tostain S., Scarcelli N., Pham J.L. (2007). Assessment of genetic diversity within and between populations of *dioscorea abyssinicahochst. Ex kunth* of northern benin using AFLP (amplified fragment length polymorphism) markers. *Annales des Sciences Agronomiques*, 9 p.

6. Ailey R.B. (2000). Lee-core evidence of abrupt climate changes. Proceedings of National Academy n°4, pp: 1331-1334.

7. Aitken S.N., Yeaman S., Holliday, J.A., Wang, T.L., Curtis-McLane, S. (2008). Adaptation, migration or extirpation: climate change outcomes for tree populations. Evolutionary Applications n° 1(1), pp : 95-111.

8. Akoègninou A., Houndagba J.C., Tossou M.G., Essou J.P., Akpagana K. (2002). La végétation d'une zone de transition entre la forêt dense humide semi-décidue et les savanes: la région de Bantè (Bénin, Afrique de l'Ouest). *J. Bot. Soc. Bot.,* 15, pp: 99-108.

9. Akoegninou A., Van Der Burb W. J., Van Der Maaesen L. J. G. (2006). Flore Analytique du Bénin. Backhuys Publishrers, Wageningen, 1034 p.

10. Allen C.D. (2009). Le dépérissement des forêts dû au climat: un phénomène planétaire croissant. U*nasylva*, vol. 60, n° 231/232, 2009, pp: 43-49.

11. Allen C.D., Macalady A.K., Chenchouni H., Bachelet D., McDowell N., Vennetier M., Kitzberger T., Rigling A., Breshears D.D., Hogg E.H., Gonzalez P., Fensham R., Zhang Z., Castro J., Demidova N., Lim J.H., Allard G., Running S.W., Semerci A., Cobb.,N. (2010). A global overview of drought and heat-induced tree mortality reveals emerging climate change risks for forests. Forest Ecology and Management n° 259(4), pp : 660-684.

12. Alley W.M. (1984). The Palmer Drought Severity Index: Limitations and assumptions. J. Clim. Appl. Meteorol., n°23, pp: 1100-1109.

13. Amoussou E. (2010). Variabilité pluviométrique et dynamique hydro-sédimentaire du bassin versant du complexe fluvio-lagunaire Mono-Ahémé-Couffo (Afrique de l'Ouest). Thèse de Doctorat Unique, Université de Bourgogne Centre de Recherches de Climatologie (CRC) CNRS-UMR 5210, 315 p.

14. Arbonnier M. (2002). Arbres, arbustes et lianes des zones sèches d'Afrique de l'Ouest. CIRAD-MNHN, France, 574 p.

15. Ardoin S. (2004). Variabilité hydro-climatique et impacts sur les ressources en eau de grands bassins versants hydrographiques en zone soudano-sahélienne. Thèse de doctorat. Université de Montpellier II, 437 p.

16. Auberville A. (1949) Climat, forets et désertification de l'Afrique tropicale. Société d'Éditions Géographiques, maritimes et Coloniales. Paris, 351 p.

17. Asrar G., Fuchs M., Kanemasu E.T., Hatfield J.L. (1984). Estimation absorbed photosynthetic radiation and leaf area index from spectral reflectance in wheat. Agronomy Journal, n°76, pp: 300-306.

18. Aurélie T., Girardin M., Bergeron Y. (2011). Les réservoirs de carbone en forêt boréale à l'est du Canada : acquis et incertitudes dans la modélisation face aux changements climatiques. Vertigo, n°3, mis en ligne le 07 février 2012, consulté le 10 janvier 2014. URL: http://vertigo.revues.org/11587 ; DOI : 10.4000/vertigo.11587.

19. Ayers J.M., Huq, S. (2009). The Value of Linking Mitigation and Adaptation: A Case Study of Bangladesh. Environmental Management. Vol. 43, pp: 753-764.

20. Ayers J.M., Huq, S. (2009). The Value of Linking Mitigation and Adaptation: A Case Study of Bangladesh. Environmental Management. Vol. 43, pp : 753-764.

21. Badeau V., (2008). Forest tree responses to extreme drought and some biotic events: Towards a selection according to hazard tolerance? Comptes Rendus Geoscience n° 340(9-10) pp: 651-662.

22. Bannari A., Morina D., Bonna F., Hueteb A.R. (1995). A Review of Vegetation Indices. Remote Sensing Reviews, vol. 13, pp: 95-120.

23. Baret F., Guyot G., Begue A., Maurel P., Podaire A. (1988). Complementary of middle-infiared with visible and near-infiared reflectance for monitoring wheat canopies. Remote Sensing of Environment, n°26, pp: 213-225.

24. Bariou R., LECAMIS D., LE HENAPF F. (1985). Indices de végétation. Rennes: Centre régional de Télédétection, Université de Rennes 2 : Presses universitaires de Rennes 2, France, 2 p.

25. Barrios S., Ouattara B., Strobl E. (2008). The impact of climatic change on agricultural production: Is it different for Africa Food Policy. Vol. 33, n° 4, pp: 287-298.

26. Bearman G. (1989). Ocean circulation. The open university, Pergamon press, Oxford, 238 p.

27. Beaufort L. (1996). Dynamics of the monsoon in the equatorial Indian ocean over the last 260000 years. Quaternary International, n°31, pp: 13-18.

28. Becker M., (1989). The role of climate on present and past vitality of silver fir forests in the Vosges Mountains of northeastern France. Canadian Journal of Forest Research n° 19(9), pp: 1110-1117.

29. Begni G., Escadafal R., Fontannaz D., Hong-Nga Nguyen A.T. (2007). La télédétection, un outil pour le suivi et l'évaluation de la désertification. Montpellier, les Petites Affiches, pp: 1172-6964.

30. Bengo M.D., Maley J. (1991). Analyses des flux polliniques sur la marge sud du Golfe de Guin Begni G., et al. (2007). La télédétection, un outil pour le suivi et l'évaluation de la désertification. Montpellier, les Petites Affiches, pp: 1172-6964.

31. Bergaoui M., Alouini A. (2001). Caractérisation de la sécheresse météorologique et hydrologique : Cas du bassin versant de SilianaenTunisie.Sécheresse12(2), pp: 205-213.

32. Boko M. (1988). Climats et communautés du Bénin: Rythmes climatiques et rythmes de développement. Thèse de Doctorat d'État ès Lettres et Sciences Humaines. Université de Bourgogne, Dijon. 2 volumes, 608 p.

33. Bricquet J. (1997). Évolution récente des ressources en eau de l'Afrique Atlantique. Rev. Sci. l'eau, n°3, pp: 321-337.

34. Berger A. (1988). Paleo climatic variability at frequencies ranging from 1 cycle per

10000 years to 1 cycle per years, evidence for non-linear behviourof the climate system. Climate Change, n°12, pp: 9-37.

35. Berger A., Loutre M.F., Mélice J.L. (2006). Equatorial insolation: from precession harmonies to excentricity frequences. Climate of the Past, 2, pp: 131-136.

36. Bjerknes J. (1969). Atmospheric teleconnections from the equatorial pacific, Mon. Weather Rev., 97, pp: 163-172.

37. Bond G., Showers W., Cheseby M., Lotti R. (1997). A pervasive millennial-scale cycle in North Atlantic and glacial climates. Science n°278, pp: 1257-1266.

38. Bonn F., Rochon G. (1993). Précis de télédétection. Volume 1: principes et méthodes. Presses de l'Université du Québec. Ed. Marquis, 485p.

39. Bonou W. N. (2007). Caractérisation structurale des formations végétales hébergeant afzelia africana sm : cas de la forêt classée de la lama au sud du bénin. Thèse d'ingénieur agronome. FSA/UNB, Abomey-Calavi, Bénin, 119 p.

40. Bournan B.A.M. (1991). The linking of crop growth models and multi-sensor remote sensing data, in Proceedings Fifth International Colloquium on Physical Measurements and Signatures in Remote Sensing. Courchevel, France, ESA, Paris, SP -319, pp: 583-588.

41. Bréda N., Hucb R., Graniera A., Dreyer E. (2006). Temperate forest trees and stands under severe drought: a review of ecophysiological responses, adaptation processes and long-term consequences. *Annals of Forest Science*, vol. 63, n°6, pp: 625-644.

42. Bréda N., (1998). Dépérissement forestier en vallée du Rhin. Analyse rétrospective de la croissance radiale des chênes de la forêt domaniale de La Harth. INRA Centre de Recherches Forestières Unité d'Ecophysiologie Champenoux (France). Rapport scientifique, convention. 50 p.

43. Bréda N., Huc R., Granier A., et Dreyer E., (2006). Temperate forest trees and stands under severe drought: a review of ecophysiological responses, adaptation processes and long-term consequences. Annals of Forest Science n° 63(6), pp : 625-644.

44. Broecker W.S. (1987). The biggest chili. Nat Hist Mag, n°97, pp: 74-82.

45. Burton I. (1978). The Environment as hazard, New York, Oxford University Press, 10 p.

46. Brunel J.F., Hiepko P., Scholz H. (1984). Flore analytique du Togo. Phanérogames, GTZ. Editions Eschborn, Berlin, 751 p.

47. Camberlin P., Beltrando G., Fontaine B., Richard Y. (2002). Pluviométrie et crises climatiques en Afrique Tropicale: changements ciilrables ou fluctuations interannuelles. Historiens et géographes. n° 379, pp: 263-273.

48. Chambers F.M., Blackford J.J. (2001). Mid and late Holocene climatic changes: a test of periodicity and solar forcing in proxy-climate data from blanket peat bogs. Journal of Quaternary Science n°16(4), pp: 329-338.

49. Carbonnel J.I., Hubert I. (1992). Pluviométrie en Afrique de l'Ouest soudano-sahélienne. L'aridité, une contrainte au développement, ORSTOM, pp. 37-51.

50. Chang P., Ji L., Li H. (1997). A decadal climate variation in the tropical Atlantic Ocean from thermodynamic air-sea interactions. Nature n°385(6616), pp: 516-518.

51. Chang P., Saravanan R., Ji L., Hegerl G.C. (2000). The effect of local sea surface temperature on atmospheric circulation over the tropical Atlantic sector. Journal of Climate n°13, pp: 2195-2216.

52. Chang T.J., Cleopa X.A. (1991). A proposed method for drought monitoring. Water Resour. Bull., 27, pp: 275-281.

53. Chao W.C., Chen B. (2001). The origin of monsoons. Journal of the Atmospheric Sciences n°58, pp: 3497-3507.

54. Chapman P., Shannon L.V. (1987). Seasonality in the oxygen minimum layers at the extremities of the Benguela system. South African Journal of Marine Science. n°5, pp: 51-

55. Charmard P.C., Courel M.F. (1999). La forêt sahélienne menacée. Cahiers Sécheresse n°10(1), pp : 11-18.

56. Charney J.G, Stone P.H., Quirk W.J. (1975). Drought in the Sahara a biogeophysical feedback mechanism. Science 187, pp: 434-435.

57. Chowdhury R.R. (2006) Landscape change in the Calakmul Biosphere Reserve, Mexico: Modeling the driving forces of smallholder deforestation in land parcels. Applied Geography, Volume 26, Issue 2, April 2006, pp: 129-152.

58. Christophel D., Gordon P. (2004). Genotypic control and environmental plasticity – foliar physiognomy and paleoecology. New Phytologist n° 161(2), pp: 327-329.

59. Chuvieco E. (1998). El factor temporal en teledetección: evolución fenomenológica y análisis de cambios. Revista de Teledetección, pp: 1-9.

60. Cini C.G.C., Bonino G., Taricco C., Bernasconi S.M. (2002). Solar radiation variability in the last 1400 years recorded in the carbon isotope ratio of a Mediterranean Sea core. Advances in Space Research 29, pp: 1989-1994.

61. C.L. Meneses-Tovar. (2011). L'indice différentiel normalisé de végétation comme indicateur de la de gradation. Unasylva, n°62, 238p.

62. Clement A.C., et al. (2004).Tthe importance of precession alsignais in the tropical climate. Climate Dynamics, n°22, pp: 327-341.

63. Clemens S.C., Tiedemann R. (1997). Eccentricity forcing of Pliocene-Early Pleistocene climate revealed in a marine oxygen-isotope record. Nature, n°385, pp: 801-804

64. COMITAS. (1988). Glossaire des termes officiels de la télédétection aérospatiale. Bulletin de la Société française de photogrammétrie et télédétection, n°112, pp: 1-63.

65. Cook K.H. (1999). Generation of the African Easterly Jet and its Role in determining West African Precipitation. Journal of Climate, n°12, pp: 1165-1184.

66. Cooper C.F. (1986). Carbon-dioxide enhancement of tree growth at high elevations. Science n° 231(4740), pp: 859-859.

67. Courel M.F. (1985). Etude de l'évolution récente des milieux sahéliens à partir des mesures fournies par les satellites. Thèse de doctorat d'État ès-Lettres et Sciences Humaines, Université Paris I, 467 p.

68. Dansi A., Orobiyi A., Dansi M., Assogba P., Sanni A., Akpagana K. (2013). Sélection de sites pour la conservation in situ des ignames sauvages apparentées aux ignames cultivées: cas de Dioscorea praehensilis au Bénin. Int. J. Biol. Chem. Sci. n°7(1), pp: 60-74.

69. Davis B.A.S., Brewer S. (2009). Orbital forcing and raie of the latitudinal insolation/temperature gradient. Climate Dynamics, n°32, pp: 143-165.

70. Déqué M. (2007). Frequency of precipitation and temperature extremes over France in an anthropogenic scenario: Model results and statistical correction according to observed values. Global and Planetary Change n° 57(1-2), pp: 16-26.

71. De Menocal P.B. (1995). Plia-Pleistocene African Climate. Science, n°270, pp: 5233-5359.

72. D'Arrigo R., Wilson R., Liepert B., Cherubini P. (2008). On the 'Divergence Problem' in Northern Forests: A review of the tree-ring evidence and possible causes. Global and Planetary Change n° 60(3-4), pp: 289-305.

73. Dior M., Houndénou C., Richard Y. (1996). Variabilité des dates de début et de fin de l'hivernage au Sénégal (1950-1991). Publ. Assoc. Intern. Climato., n° 9, pp: 430-436.

74. Djego G. (2006). Phytosociologie de la végétation de sous-bois et impact écologique des plantations forestières sur la diversité floristique au sud et au centre du Bénin. Thèse présentée pour l'obtention du Doctorat (Unique). FLASH/FAST/UAC, 362 p.

75. Djodjouwin L.L. (2001). Etude sur les aménagements écotouristiques et la gestion pastorale dans les terroirs et forêts classées des Monts Kouffé et de Wari-Maro. Mémoire pour l'obtention du Diplôme d'Etude Supérieure Spécialisée en Aménagement et gestion des ressources naturelles, Université nationale du Bénin, 98 p.

76. Donou B. et Boko M. (2007). Impacts de la variabilité pluviométrique sur les événements Hydrologiques extrêmes: cas des crues du fleuve Ouémé dans son bassin versant de Bonou. Actes du 1er Colloque de l'UAC, des Sciences, Cultures, et Technologies, Abomey-Calavi., n°1 pp: 165-177.

77. Dracup J.A., Lee K., Paulson E. (1980). On the definition of droughts, Water Resour. Res., n° 16, pp: 297-302.

78. Dumont R., Dansi A.A., Vernier P., Zoundjihèkpon J. (2005). Biodiversité et domestication des ignames en Afrique de l'Ouest: Pratiques traditionnelles conduisant à *Dioscorea rotun data*. Pratiques traditionnelles conduisant à *Dioscorea rotun data*. *Collection Repères*, CIRAD, 119 p.

79. Dupont L.M., Marret F., Winn K. (1998). Land-sea correlation by means of terrestrial and marine palynomorphs from the equatorial East Atlantic: phasing of SE trade winds and the oceanic productivity. Palaeogeography, Palaeoclimatology, Palaeoecology n°142, pp: 51-84.

80. Dupont L.M., Jahns S., Marret F., Shi N. (2000). Vegetation change in equatorial West Africa: timeslices for the last 150 ka. Palaeogeography, Palaeoclimatology, Palaeoecology n°155, pp: 95-122.

81. Durham E.L., Maslin M.A., Platzman E., Rosell-Melé A., Marlow J.R., Leng M. (2001). Reconstructing the climatic history of the western coast of Africa over the past 1.5 My: a comparison of proxies records from Congo basin and the Walvis ridge and the search for evidence of the Mid-Pleistocene revolution. Late Quaternary climate changes in Central Africa as inferred from terrigenous input to the Niger Fan. Quaternary Research n°56, pp: 207-217.

82. Eckhardt D.W. Verdin J.P., Lyford G.R. (1990). Automated Update of an Irrigated Lands GIS Using SPOT HRV Imagery. *Photogrammetrie Engineering and Remote Sensing,* vol. 59, n°2, pp: 1515-1522.

83. Etene C. G., Boko M. et Ndjendole S. (2007). Ruissellement pluvial et vulnérabilité environnementale du site urbain d'Allada (République du Bénin). Revue Climat et Développement n°4 Décembre 2007, pp: 5-16.

84. Etterson J.R., Shaw R.G. (2001). Constraint to adaptive evolution in response to global warming. Science n° 294(5540), pp: 151-154.

85. FAO. (2006). Food and Agriculture Organization, Global forest resources assessment 2005. Progress towards sustainable forest management. FAO Forestry Paper, 147 p.

86. FAO (2007). Adaptation to climate change in agriculture, forestry and fisheries: Perspective, framework and priorities. Rome, 32 p.

87. Field C.B., Behrenfeld M.J., Randerson J.T., Falkowski P. (1998). Primary production of the Biosphere: integrating terrestrial and oceanic components. Science, n°281, pp: 237-240.

88. Fisher G., Wefer G. (1996). Long-term observation of particle fluxes in the eastern Atlantic: seasonality, changes of flux with depth and comparison with the sediment record. The South Atlantic Ocean, Present and Past Circulation, Springer, Berlin, pp: 325-344.

89. Flores J.A., Bárcena M.A., Sierro F.J. (2000). Ocean surface and wind dynamics in the Atlantic Ocean off Northwest Africa during the last 140000 years. Palaeogeography, Palaeoclimatology, Palaeoecology, n°161, pp: 459-478.

90. Folland C.T., Palmer T.N., Parker D.E. (1986). Sahel rainfall and worldwide sea temperatures (1901-1985). Nature, n°320, pp: 602-607.

91. Fontaine B., Janicot S., Roucou P. (1999). Coupled ocean-atmosphere variability and its climate impacts in the tropical Atlantic region. Climate Dynamics 15, pp: 451-473.

92. Fontaine B., Philippon N. (2000). Seasonal evolution of boundary layer heat content in the West African Monsoon from the NCEPINCAR reanalysis (1968-1998). Int. J. Climato., no 20, pp: 1777-1790.

93. Fraser R.H., Abuelgasim A., Latifovic R. (2005). A method for detecting large-scale forest cover change using coarse spatial resolution imagery. Remote Sensing of Environment, n°95, pp: 414-427.

94. Frédoux A. (1994). Pollen analysis of a deep-sea core in the Gulf of Guinea: vegetation and climatic changes during the last 225000 years B.P. Palaeogeography, Palaeoclimatology, Palaeoecology, n°109, pp: 317-330.

95. Fritts H.C. (1976). Tree rings and climate. Academic Press, London, New York, San Francisco, 567 p.

96. GIEC. (2007). Bilan 2007 des changements climatiques, contribution des groupes de travail I, II, III au quatrième rapport d'évaluation du Groupe d'Experts Intergouvernemental sur l'Évolution du Climat. Genève, Suisse, GIEC, 103 p.

97. Gitay H., Suárez A., Watson R. (2002). Les changements climatiques et la biodiversité, Document technique V du GIEC, Secrétariat du GIEC, Genève, 89 p.

98. Garein, Y. (2006). Centennial to millennial changes in maar-lake deposition during the last 45000 years in tropical Southern Africa. Palaeogeography, Palaeoclimatology, Palaeoecology, n°239, pp: 334-354.

99. Gepts P, Papa R. (2003). Possible effects of gene flow from crops on the genetic diversity of landraces and wild relatives. *Environ. Biosafety Res.*2, pp: 89-103.

100. GIEC. (2007). Résumé à l'intention des décideurs. Contribution du groupe de travail 1 au 4e rapport d'évaluation du GIEC. Bilan 2007 des changements climatiques: les bases scientifiques physiques, 25 p.

101. Glantz M.H., Orlovsky N.S. (1983). Desertification: a review of the concept. Desertification Control Bulletin, n°9, pp: 15-22.

102. Gordon A.L., Bosley K.T. (1991). Cyclonic gyre in the tropical South Atlantic. Deep-Sea Res, n°38 (1), pp: 323-343.

103.    Gornall J., Betts R., Burke E., Clark R., Camp J., Willett K., Wiltshire A. (2010). Implications of climate change for agricultural productivity in the early twenty-first century. Phil. Trans. R. Soc. B. Vol. 365, pp: 2973-2989.

104.    Goward S.N., Waring R.H., Dye D.G., Yang J. (1994). Ecological remote sensing at OTTER: Satellite macro scale observations. Ecological applications n°4, pp: 322-343.

105.    Gretton P., Salma U. (1996). Land degradation and the Australian agricultural industry. Industry Commission, Commonwealth Information Services, Canbera, 12 p.

106.    Guyot G. (1990). Optical properties of vegetation canopies, applications of Remote Sensing in Agriculture. Butterworths, London, 427 p.

107.    Hastenrath S. (1988). Climate and Circulation of the Tropics. Reidel, Dordrecht, n°19, pp: 141-153.

108.    Hakizimana P., Bangirinama F., Habonimana B., Bogaert J. (2011). Analyse comparative de la flore de la forêt dense de Kigwena et de la forêt claire de Rumonge au Burundi. Bulletin scientifique de l'Institut national pour l'environnement et la conservation de la nature, 9 p.

109.    Heinrich H. (1988). Origin and consequences of cyclic ice-rafting in the Northeast Atlantic Ocean during the past 130000 years. Quaternary Research n°29, pp: 142-152.

110.    Herbland A., et al. (1983). Structure hydrologique et production primaire dans l'Atlantique tropical oriental. Oceanographie Tropicale, n°18, pp: 249-293.

111.    Lézine A.M., Duplessy J.C., Cazet J.P. (2005). West African monsoon variability during the last deglaciation and the Holocene: Evidence from Fresh Water Algae, Pollen and isotope data from Core KW31, Gulf of Guinea. Palaeogeography, Palaeoclimatology, Palaeoecology n°219, pp: 225-237.

112.    Holvoeth J., Kolonic S., Wagner T. (2005). Sail organic matter as an important contributor to late Quaternary sediments of the tropical West African continental margin. Geoch and Cosma Acta, n°69 (8), pp: 2031-2041.

113.    Hong Y.T., Jiang H.B., Liu T.S., Zhou L.P., Beer J., Li H.D., Leng X.T., Hong B., Qin X.G. (2000). Response of climate to solar forcing recorded in a 6000 year

time-series of Chinese peat cellulose. The Holocene, n°10(1), pp: 1-7.

114. Houinato M. R. B. (2001). Phytosociologie, écologie, production et capacité de charge des formations végétales pâturées dans la région des Monts Kouffé (Bénin). Thèse de doctorat, Faculté des Sciences, Laboratoire de Systématique et Phytosociologie. ULB, Belgique, 241 p.

115. Houndénou C., Hernandez K. (1998). Modification de la saison pluvieuse dans l'Atakora (1961-1990), un exemple de sécheresse au nord-ouest du Bénin. Sécheresse, n°9, pp: 23-34.

116. Houndénou C. (1999). Variabilité climatique et maïsiculture en milieu tropical humide, diagnostic et modélisation: l'exemple du Bénin. Thèse de Doctorat Unique. Université de Bourgogne. Dijon, 341 p.

117. Huete A.R., Jackson R.D., Post D.F. (1985). Spectral response of a plant canopy with different soil backgrounds. Remote Sens. Environ, n°17, pp: 34-53.

118. Hughes L. (2000). Biological consequences of global warming: is the signal already apparent. *Trends in Ecology & Évolution*, vol. 15, n°2, pp. 56-61.

119. IPCC. (2001). Incidences de l'évolution du climat dans les régions : Rapport spécial sur l'Évaluation de la vulnérabilité en Afrique. Island Press, Washington, 53 p.

120. Jackson C.S., Broccoli A.J. (2003). Orbital forcing of Arctic climate: mechanisms of climate response and implications for continental glaciations. Climate Dynamics, n°21, pp: 539-557.

121. Jahns S. (1996). Vegetation history and climate changes in West Equatorial Africa during the Late Pleistocene and Holocene based on a marine pollen diagram from the Congo fan. Vegetation History and Archaeobotany, n°5, pp: 207-213.

122. Jahns S., Hüzls M., Sarnthein M. (1998).Vegetation and climate history of west equatorial Africa based on a marine pollen record off Liberia covering the last 400000 years. Review of Palaeobotany and Palynology n°2, pp: 277-288.

123. Janicot S., Fontaine B. (1997). Évolution saisonnière des corrélations entre précipitations en Afrique guinéenne et températures de surface de la mer (1945-1994). Comptes Rendus de l'Académie des Sciences, n°324, pp: 785-792.

124.    Jump A.S., Hunt J.M., Penuelas J. (2006). Rapid climate change-related growth decline at the southern range edge of Fagus sylvatica. Global Change Biology n° 12(11), pp: 2163-2174.

125.    Kanohin F., Saley M., Aké G.E. (2012). Apport de la télédétection et des SIG dans l'identification des ressources en eau souterraine dans la région de Daoukro (Centre-Est de la Côte D'Ivoire). International Journal of Innovation and Applied Studies. Vol.1, n°1, pp: 35-53.

126.    Keyantash J., Dracup J.A. (2002). The quantification of drought: An evaluation of drought indices. B. Am. Meteorol. Soc., n°83, pp: 1167-1180.

127.    Kharuk V.I., Im S.T., Dvinskaya M.L., Ranson K.J. (2010). Climate-induced mountain tree-line evolution in southern Siberia. Scandinavian Journal of Forest Research n° 25(5), pp: 446-454.

128.    Klocke N.L. Hergert G.W. (1990). How soil holds water. University of Nebraska, Lincoln, 10 p.

129.    Kramer P.J. (1980) Drought, Stress and the Origin of Adaptations. In Adaptation of plants to water and high temperature stress (eds Turner NC, Kramer PJ). John Wiley & Sons, New-York, 20 p.

130.    Lacaze B., Rambal S., Winkel T. (1996). Integrated approaches to desertification mapping and monitoring in the mediterranean basin. Environmental Mapping and Modelling Unit, Space Applications Institute, Ispra, 16 p.

131.    Lamarche V.C., Graybill D.A., Fritts H.C., Rose M.R. (1984). Increasing atmospheric carbondioxide - tree-ring evidence for growth enhancement in natural vegetation. Science n° 225(4666), pp: 1019-1021.

132.    Lamb P.J., Peppler R.A. (1992). Further case studies of tropical Atlantic surface atmospheric and oceanic patterns associated with sub-Saharan drought. J. Climate, 5, pp: 476-488.

133.    Lebourgeois F., Pierrat J.C., Perez V., Piedallu C., Cecchini S., Ulrich E. (2009). Simulating phenological shifts in French temperate forests under two climatic change scenarios and four driving GCMs. *Global Ecology and Biogeography*, pp: 331-356.

134.    Lebourgeois F. (2005). Approche dendroécologique de la sensibilité du Hêtre (Fagus sylvatica L.) au climat en France et en Europe. Revue Forestière Française n° 57(1), pp: 33-50.

135.    Leuzinger S., Zotz G., Asshoff, R., Korner C. (2005). Responses of deciduous forest trees to severe drought in Central Europe. Tree Physiology n° 25(6), pp: 641-650.

136.    Léo O., Dizier J.L. (1986). Télédétection: techniques et applications cartographiques. Direction des resources naturelles et télédétection, Paris. Ed. Forhom, 275p.

137.    Leroux M. (1983). The Mobile Polar High: a new concept explaining present mechanisms of meridional air-mass and energy exchanges and global propagation of palaeoclimatic changes.Global and Planetary Change, n°7, pp: 69-93.

138.    Levitt J. (1972). Responses of Plants to Environmental Stresses. Academic Press, New-York, 30 p.

139.    Lézine A.M., Vergnaud G.C. (1993). Evidence of forest extension in West Africa since 22000 BP: a pollen record from the Eastern Tropical Atlantic. Quaternary Science, 300 p.

140.    Lichtenthaler H.K., et al. (1998). Plant stress detection by reflectance and fluorescence. Annals of the New-York Academy of sciences n° 851, pp: 271-285.

141.    Lindner M., Maroschek M., Netherer S., Kremer A., Barbati A., Garcia-Gonzalo, J., Seidl R., Delzon S., Corona P., Kolstrom M., Lexer M.J., Marchetti M. (2010). Climate change impacts, adaptive capacity, and vulnerability of European forest ecosystems. Forest Ecology and Management n° 259(4), pp: 698-709.

142.    Linsley R.K., Kohler M.A., Paulhus J.L.H. (1975). Hydrology for Engineers (second edition), McGraw-Hill, New York, USA, 482 p.

143.    Lisiecki L.E. (2010). Links between eccentricity forcing and the 100000 year glacial cycle. Nature Geosciences, n°3, pp: 349-352.

144.    Losada T., Fonseca B.R., Kucharski F. (2010). On the nature of the relationship between tropical Atlantic variability and summer Mediterranean climate. What has changed in recent decadess. Geophysical Research Abstracts n°12, 13, 933 p.

145.    Los S.O., Justice C.O., Tucker C.J. (1994). A global 1 by 1 data set for climate studies derived from the GIMMS continental NDVI data. Int. J. Remote Sensing, n°15, pp: 349-518.

146. Lulla K., Mausel P. (1983). Ecological applications of remotely sensed multispectral data. Introduction to remote sensing of the environment, 2nd ed., Richason, pp: 354-377.

147. Lutgens F.K., Tarbuck E.J., (2000). The Atmosphere: an introduction to meteorology. Prentice Hall (Eds), 512 p.

148. Mahamane A., (2005). Etudes floristique, phyto sociologique et phytogéographique de la végétation du Parc Régional du W du Niger. Thèse de doctorat, Université Libre de Bruxelles, Laboratoire de Botanique systématique et de Phytosociologie, 484 p.

149. Mahé G. et Olivry J.C. (1995) : Variations des précipitations et des écoulements en Afrique de l'ouest et centrale de 1951 à 1989. Sécheresse, n°6, pp: 109-17.

150. Main G. (1995). L'homme et la sécheresse. Collection Géographie. Masson, Paris, 311 p.

151. MaleyJ., Brenac P. (1987). Analyses polliniques préliminaires du Quaternaire récent de l'Ouest Cameroun: mise en évidence de refuges forestiers et discussions des problèmes paléo climatiques. Mémoires et Travaux de l'Institut de Montpellier de l'Ecole Pratique des Hautes Etudes n°17, pp: 129-142.

152. Maley J. (1996). The African rainforest: main characteristics of changes in vegetation and climate from the upper Cretaceous to the Quaternary. Proceedings of Royal Society of Edinburg, Biology Science, n°104, pp: 31-73.

153. Macias M., Andreu L., Bosch O., Camarero J.J., Gutiérrez E. (2006). Increasing aridity is enhancing silver fir (Abies alba mill.) water stress in its south-western distribution limit. Climatic Change n° 79(3-4), pp: 289-313.

154. Marret F., Scourse J., Jansen J.H.F., Schneider R.R. (1999). Climate and palaeoceanographic changes in west Central Africa during the last deglaciation: palynological investigation. Comptes Rendus de l'Académie des Sciences de Paris, n°10, pp: 721-726.

155. Martinez-Meyer E., Peterson A.T. (2006). Conservatism of ecological niche characteristics in North American plant species over the Pleistocene-to-Recent transition. Journal of Biogeography n° 33(10), pp: 1779-1789.

156. Martinez-Meyer E., Townsend Peterson A., Hargrove W.W. (2004). Ecological niches as stable distributional constraints on mammal species, with implications for

Pleistocene extinctions and climate change projections for biodiversity. Global Ecology and Biogeography n° 13(4), pp: 305- 314.

157.     Maslin M.A., Christensen B. (2007). Tectonics, orbital forcing, global climate change, and human evolution in Africa: introduction to the African paleoclimate special volume. Journal of Human Evolution, n°53, pp: 443-464.

158.     Masoud A.A., Koike K. (2006). Arid land salinization detected by remotely-sensed landcover changes: A case study in the Siwa region, NW Egypt. Journal of Arid Environments, n°66, pp: 151-167.

159.     Mbayngone E., Thiombiano A., Hahn-Hadjali K., Guinko S. (2008). Structure des ligneux des formations végétales de la Réserve de Pama (Sud-Est du Burkina Faso, Afrique de l'Ouest). Flora et Vegetation Sudano-Sambesica, n°11, pp: 25-34.

160.     Meeuwis J.M., Lutjeharms J.R.E. (1990). Surface thermal characteristics of the Angola-Benguela front. South African Journal of Marine Science, n°9, pp: 261-279.

161.     Meignen P., Micas L. Bilan des dépérissements forestiers dans les Alpes de Haute-Provence. *Forêt Méditerranéenne*, vol. 29, n° 2, 2008, pp: 177-182.

162.     Meier I.C., Leuschner C. (2008). Genotypic variation and phenotypic plasticity in the drought response of fine roots of European beech. Tree Physiology n° 28(2), pp: 297-309.

163.     Médus J., Popoff M., Fourtanier E., Sowunmi A.M. (1988). Sedimentology, pollen, spores and diatoms of a 148 m deep Miocene drill hale from Oku Lake, east central Nigeria. Palaeogeography, Palaeo climatology, Palaeoecology n°68, pp: 79-94.

164.     Mérian P., Bontemps J.D., Bergès L., Lebourgeois F. (2011). Spatial variation and temporal instability in climate-growth relationships of sessile oak (Quercus petraea [Matt.] Liebl.) under temperate conditions. Plant Ecology n° 212(11), pp: 1855-1871.

165.     Mignouna H.D, Dansi A. (2003). Yam (*Dioscorea*sp.*) domestication by the Nago and Fon ethnic groups in Benin. *Genetic Resources and Crop Evolution*, n°50 (5), pp: 519-528.

166. Milankovitch M. (1930). Mathematische Klimalehre und astronomische Theorie der Klimaschwankungen (Mathematical study of climate and astronomical theory of climatic changes), Handbuch der Klimatologie. Këppen and Geiger eds, 176 p.

167. Mohrholz V., Schmidt M., Lutjeharms J.R.E. (2001). The hydrography and dynamics of the Angola-Benguela frontal zone and environment in April 1999. South Afr. j. mar. sc., n°97, pp: 199-208.

168. Moir A.K., Leroy S.A.G., Helama S. (2011). Role of substrate on the dendroclimatic response of Scots pine from varying elevations in northern Scotland. Canadian Journal of Forest Research-Revue Canadienne De Recherche Forestiere n° 41(4), pp: 822-838.

169. Moron V. (1994). Guinean and sahelian rainfall anomaly indices at annual and monthly scales (1933-1990). Int. J. Climato., n°14, pp: 325-341.

170. Morou A., Jahiel M. (1990). Évolution géographique de la phoeniciculture en relation avec la désertification. Les systèmes agricoles oasiens, CIHEAM, pp: 59-66.

171. Murray, M. R. (2003). The mangroves of Belize: Part 1, distribution, composition and classification. Forest Ecology and Management, n°174, pp: 265-279.

172. Nagendra H., Pareeth S., Ghate R. (2006). People within parks forest villages, land-cover change and landscape fragmentation in the Tadoba Andhari Tiger Reserve. India Applied Geography, n°26, pp: 96-112.

173. Narasimhan R., Srinivasan R. (2005). Development and evaluation of Soil Moisture Deficit Index (SMDI) and Evapotranspiration Deficit Index (ETDI) for agricultural drought monitoring, Agr. Forest Meteorol, n°133, pp: 69-88.

174. Nicholson S.E., Selato J.C. (2000). The influence of La Nina on African rainfall. International Journal of Climatology, n°20, pp: 1761-1776.

175. Nicholson S. E. (1989). Long-term changes in African rainfall. Weather, n°44, pp: 47-56.

176. Oberhuber W. (2007). Radial growth response of coniferous forest trees in an inner Alpine environment to heat-wave (2003). Forest Ecology and Management n° 242(2-3), pp: 688-699.

177. OIBT. (2002). Directives OIBT pour la restauration, l'aménagement et la réhabilitation des forêts tropicales dégradées et secondaires. Série Développement de politiques OIBT n° 13, 12 p.

178.     Ogouwalé E. (2006). Changements climatiques dans le bénin méridional et central: indicateurs, scénarios et prospective de la sécurité alimentaire. Thèse présentée pour obtenir le Diplôme de Doctorat Unique de l'Université d'Abomey-Calavi, 302 p.

179.     Okeno J.A., Mutegi E., de Villiers S., Wolt J., Misra M. (2012). Morphological Variation in the Wild-Weedy Complex of Sorghum bicolor *In Situ* in Western Kenya. *Preliminary Evidence of Crop-to-Wild Gene Flow, n*°173 (5), pp: 507-515.

180.     Olago D.O., Street-Perrott F.A., Perrott R.A., Ivanovich M., Harkness D.D., Odada E.O. (2000). Long term temporal characteristics of palaeo-monsoon dynamics in equatorial Africa. Global and Planetary Change, n°26, pp: 159-171.

181.     Ouedraogo M. (2001). Contribution à l'étude de l'impact de la variabilité climatique sur les ressources en eau en Afrique de l'Ouest. Analyse des conséquences d'une sécheresse persistante : normes hydrologiques et modélisation régionale. Thèse, Université de Monpellier II, 257 p.

182.     Ouedraogo O. (2009). Phytosociologie, dynamique et productivité de la végétation du parc national d'Arly (Sud- Est du Burkina Faso). Thèse de doctorat de l'Université de Ouagadougou, 188 p.

183.     ONU. (1994). Convention des Nations Uniessur la luttecontre la désertification. Paris, France, 65 p.

184.     Paeth H., Friederichs P. (2004). Seasonality and time scales in the relationship between global SST and African rainfall. Climate Dynamics n°23, pp: 815-837.

185.     Pare S. (2008). Land use dynamics, tree diversity and local perception of forest decline in southern Burkina Faso, West Africa. Doctoral Thesis, Swedish University of Agricultural Sciences, Faculty of Forest Sciences, Department of Forest Genetics and Plant Physiology, 78 p.

186.     Palmer W.C. (1965). Meteorological Drought, Weather Bureau, Research Paper, n°45, U.S. Dept. of Commerce, Washington, DC, 58 p.

187.     Penuelas J., (2005). Plant physiology - A big issue for trees. Nature n° 437(7061), pp: 965-966.

188.     Panu U.S., Sharma T.C. (2002). Challenges in drought research: some perspectives and future directions. Hydrol. Sci. J., n°47, pp: 19-30.

189.     Parmesan C. (2006). Ecological and evolutionary responses to recent climate change. *Annual Review of Ecology Evolution and Systematics*, vol. 37, pp: 637-669.

190.    Paruelo J.M., Epstein H.E., Lauenroth W.K., Burke I.C. (1997). ANPP estimates from NDVI for the central grassland region of the U.S. Ecology, n°78, pp: 953-958.

191.    Paruelo J.M., William K.L., PABLO A.R. (2000). Technical note: Estimating aboveground Plant Biomass Using a Photography Technique. Journal of Range Management n°53, pp: 190-193.

192.    Paturel J.E., Servat E., Kouame B., Lubes H., Ouedraogo M., Masson J.M. (1998). Analyse de séries pluviométriques de longue durée en Afrique de l'Ouest et centrale non sahélienne dans un contexte de variabilité climatique. Hydrological Sciences Journal, n°43 (6), pp: 937-946.

193.    Pérard J. (1992). Estimation des contraintes climatiques en Afrique tropicale: approche méthodologique. Publication de l'Association Internationale de Climatologie, n° 5, pp: 99-104.

194.    Peterson R.G., Stramma L. (1991). Upper-level circulation in the South Atlantic Ocean. Prog. Oceanogr. n°26, pp: 1-73.

195.    Peterson A.T., Soberon J., Sanchez-Cordero V. (1999). Conservatism of ecological niches in evolutionary time. Science n° 285(5431), pp: 1265-1267.

196.    Pettitt A.N. (1979). A non-parametric approach to the change point problem. Applied statistics, n°28 (2), pp: 16-36.

197.    Pidwirny M. (2006). Global Scale Circulation of the Atmosphere. Fundamentals of Physical Geography, 2nd Edition, Princeton, 400 p.

198.    Pichler P., Oberhuber W. (2007). Radial growth response of coniferous forest trees in an inner Alpine environment to heat-wave in 2003. Forest Ecology and Management n° 242(2-3), pp: 688-699.

199.    Piedallu C., Perez V., Gégout J.C., Lebourgeois F., Bertrand R. (2009). Impact potentiel du changement climatique sur la distribution de l'Epicéa, du Sapin, du Hêtre et du Chêne sessile en France. Revue Forestière Française LXI, n°6, pp: 567-593.

200.    Piovesan G., Biondi F., Di Filippo A., Alessandrini A., Maugeri M., (2008). Drought-driven growth reduction in old beech (Fagus sylvatica L.) forests of the central Apennines, Italy. Global Change Biology n° 14(6), pp: 1265-1281.

201.    Planck M. (1901). On the Law of Distribution of Energy in the Normal Spectrum. Annalen der Physik n°4, 553 p.

202.    Planton S., Déqué M., Chauvin F., Terray L. (2008). Expected impacts of climate change on extreme climate events. Comptes Rendus Geoscience n° 340(9-10), pp: 564-574.

203.    Poccard L., Richard Y. (1996). Sensibilité du NDVI aux variations pluviométriques en Afrique tropicale. Publication de l'Association Internationale de Climatologie, n°9, pp: 41-48.

204.    Poilecot P. (1995). Les Poaceae de Cote d'Ivoire. Manuel illustré d'identification des espèces. Boissiera n°50, Genève, 741 p.

205.    Pokras E.M., Mix A.C. (1987). Earth's precession cycle and Quaternary climatic change in tropical Africa. Nature, n°326, pp: 486-487.

206.    Popescu S.M., Suc J.P., Loutre M.F. (2006). Early Pliocene vegetation changes forced by eccentricity-precession. Example from Southwestern Romania. Palaeogeography, Palaeoclimatology, Palaeoecology, n°238, pp: 34-348.

207.    Quattrochi D.A., Pelletier R.E. (1990). Remote sensing for analysis of landscapes: an introduction. Turner M.G. & Gardner R.H. (eds), n°82, pp: 51-76.

208.    Rahman H., Dedieu G. (1994). A Simplified Method for the Atmospheric Correction of Satellite Measurements in the Solar Spectrum. *International Journal of Remote Sensing*, vol. 15, n°1, pp: 123-143.

209.    Rahmstorf S. (2002). Ocean circulation and climate during the past 120000 years.Nature, n°419, pp: 207-214.

210.    Ramade F. (1994). Eléments d'Ecologie. Ecologie fondamentale 2. Editions science international, Paris, 579 p.

211.    Ramser J., Lopez-Peralta C., Wetzel R., Weising K., Kahl G. (1997). Molecular marker based taxonomy and phylogeny of Guinea yam. Genome, n°40, pp: 903-915.

212.    Rasmusson E.M., Wallace J.M. (1983). Meteorological aspect of the El Niño/Southern Oscillation, Science, n°222, pp: 1195-1202.

213.    Requier-Desjardins M. (2010). Impacts des changements climatiques sur l'agriculture au Maroc et en Tunisie et priorités d'adaptation. Les Notes d'analyse du CIHEAM, n° 56, pp: 1-15.

214.    Richard Y., Poccard I. (1998). Recherche de structures spatio-temporelles en climatologie: l'exemple de la variabilité pluviométrique en Afrique orientale.

*L'Espace géographique*, n°27, pp: 31-40.

215.   Rind D., Goldberg J.H., Rosenzweig C., Ruedy R. (1990). Potential evapotranspiration and the likelihood of future drought, J. Geophys. Res., n°95, pp: 9983-10004.

216.   Rosenberg N.J. (1978). North American droughts: American Association for the Advancement of Science Symposium. Boulder, Colorado, Westview Press, 20 p.

217.   Roujean J.L., Leroy M., Deschamps P.Y. (1992). Evidence of surface reflectance bidirectional effects from a NOAA/AVHRR multi-temporal data set. Int. J. Remote Sensing, 13, pp: 685-698.

218.   Rouse J.W., Haas R.H., Shell J.A., Deering D.W., Harlan J.C. (1974). Monitoring the vernal advancements and retrogradation of natural vegetation. NASA/GSFC, Final Report, Greenbelt, MD, USA, pp: 1-137.

219.   Rouse J.W., Haas R.H., Shell J.A., Deering D.W., Harlan J.C. (1974). Monitoring vegetation systems in the Great Plain swith ERTS, pp: 309-317.

220.   Salzmann U. (2000). Are modern savannas degraded forests? A Holocene pollen record from the Sudanian vegetation zone of Nigeria. Vegetation History and Archaeobotany n° 9, pp: 1-15.

221.   Servain J., Wainer I,. Dessier A,. Mc. Creary J.P. (1998). Modes of climatic variability in the tropical Atlantic. Water resources variability in Africa during the XX thcentury. IAHS Publicaions, 252 p.

222.   Shanahan T.M., Overpeck J.T., Wheeler C.W., Beck J.W., Pigati J.S., King J.W. (2006). Paleoclimatic variations in West Africa from a record of late Pleistocene and Holocene lake level stands of Lake Bosumtwi, Ghana. Palaeogeography, Palaeoclimatology, Palaeoecology, n°242, pp: 287-302.

223.   Shannon L.V., Agenbag J.J., Buys M.E.L. (1987). Large and Mesoscale features of the Angola-Benguela Front. South African Journal of Marine Science, n°5, pp: 11-33.

224.   Shannon L.V., Nelson G. (1996). The Benguela: large scale features and processes and system variability. The South Atlantic Ocean, Present and Past Circulation, Springer, Berlin, pp: 163-217.

225. Siddiqui M.N., Jamil Z., Afsar J. (2004). Monitoring changes in riverine forests of Sindh Pakistan using remote sensing and GIS techniques. Advances in Space Research, n° 33, pp: 333-337.

226. Singh A. (1986). Change detection in the tropical forest environment of northeastern India using Landsat. Remote sensing and tropical land management, pp: 237-254.

227. Sinsin B. (1993). Soil factors and grassland-types relationships in the sub humide zone of northern Benin. Proceedings of the XVIIth International Grassland Congress. New Zealand, pp: 1554-1555.

228. Sinsin B. (1996). Phytosociologie, écologie, valeur pastorale, production et capacité de charge des pâturages naturels du périmètre Nikki-Kalalé au Nord-Bénin, thèse de doctorat en sciences agronomiques, université libre de Bruxelles, section inter-facultaire d'agronomie, 392 p.

229. Smith M.D. (2011). The ecological role of climate extremes: current understanding and future prospects. Journal of Ecology n° 99(3), pp: 651-655.

230. Ssemanda L., Vincens A. (1993). Végétation et climat dans le bassin du lac Albert (Ouganda, Zaïre) depuis 13 000 ans B.P.: Apport de la palynologie. Comptes Rendus de l'Académie des Sciences de Paris, n°316, pp: 561-567.

231. Stefan J. (1879). Über die Beziehungzwischen der Wärmestrahlung und der Temperatur. Wiener Ber. n°79, pp: 391-428.

232. Stoms D.M., Estes J.E. (1993). A remote sensing research agenda for mapping and monitoring biodiversity. International Journal of Remote Sensing, n° 14, pp: 1839-1860.

233. Stramma L., England M. (1999). On the water masses and mean circulation of the South Atlantic Ocean. Journal of Geophysical Research Oceans, n°104, pp: 20863-20883.

234. Sutton R.T., Jewson S.P., Rowell D.P. (2000). The elements of climate variability in the tropical Atlantic region. Journal of Climate, n°13, pp: 795-798.

235. Tallaksen L.M., Madsen H., Clausen B. (1997). On the definition and modelling of stream flow drought duration and deficit volume. Hydrol. Sci. J., 42, 1, pp: 15-33.

236. Tanré D., Deroo C., Duhaut P., Herman M., Morcette J.J., Perbos J., Deschamps P.Y. (1990). Description of a computer code to simulate the satellite signal in the solar

spectrum: the 5S code. International Journal of Remote Sensing, vol. II, n°4, pp: 659-668.

237.    Tanré D., Holben B.N., Kaufman Y.J. (1992). Atmospheric correction algorithm for NOAA-AVHRR products: Theory and application. IEEE Transactions on Geoscience and Remote Sensing, n°30, pp: 231-248.

238.    Tarhule A. (2011). Climate Change Adaptation in Developing Countries: Beyond Rhetoric. Climate Variability – Some Aspects, Challenges and Prospects. pp: 163 -180.

239.    Tate E.L., Gustard A. (2000). Drought definition: a hydrological perspective. Drought and Drought Mitigation in Europe, Vogt, J. J. and Somma, F., Kluwer Acad. Publ., Dordrecht, pp: 23-48.

240.    Terauchi R., Chikaleke V.A., Thottappilly G., Hahn S.K. (1992). Origin and phylogeny of Guinea yams as revealed by RFLP analysis of chloroplast DNA and nuclear DNA. *Theor. Appl. Genet.*, 83, pp: 745-751.

241.    Thampanya U., Vermaat J.E., Sinsakul S., Panapitukkul N. (2006) ; Coastal erosion and mangrove progradation of Southern Thailand, Estuarine, Coastal and Shelf Science, 300 p.

242.    Thornton P.K., Herrero M. (2009). The inter-linkages between rapid growth in livestock production, climate change, and the impacts on water resources, land use, and deforestation. ILRI, PO Box 30709, Nairobi, Kenya, 81 p.

243.    Ting M.F., Wang H. (1997). Summertime US precipitation variability and its relation to Pacific sea surface temperature. J. Climate, 10, n°8, pp: 1853-1873.

244.    Totin V.S.H. (2010). Sensibilité des eaux souterraines du bassin versant sédimentaire côtier du Bénin à l'évolution du climat et aux modes d'exploitation : Stratégies de gestion durable. Thèse de Doctorat Unique de l'Université d'Abomey-Calavi. 272 p.

245.    Trauth M.H., Deino A.L., Bergner A.G.N., Strecker M.R. (2003). East African climate change and orbital forcing during the last 175 kyr BP. Earth and Planetary Science Letters, n°206, pp: 297-313.

246.    Trenberth K.E., Shea D.J. (2005). Relationships between precipitation and surface temperature, Geophys. Res. Lett., n° 32, 1470 p.

247. Tucker C.J. (1977). Resolution of grass canopy biomass classes, Photogrammetrie Engineering and Remote Sensing, n°43, pp: 1050-1067.

248. Tucker C.J., Hielkema J.U., Roffey J. (1985). Satellite remote sensing of total herbaceous biomass production in the Senegalese Sahel. International Journal of Remote Sensing, 17, pp: 233-249.

249. Tucker C.J., Fung I.Y., Keeling C.D. Gammon R.H. (1986). Relationships between atmospheric C02 variations and a satellite-derived vegetation index. Nature, 319, pp: 195-199.

250. Tuenter E., Hilgen F.J., Lourens L.J. (2003). The response of the African summer monsoon to remote and local forcing due to precession and obliquity. Global and Planetary Change, n°36, pp: 219-235.

251. Tuenter E., Weber S., Hilgen F., Lourens L., Ganopolski A. (2005). Simulation of climate phase lags in response to precession and obliquity forcing and the role of vegetation. Climate Dynamics n° 24(2), pp: 279-295.

252. Van B.A.J., Berger G.W. (1984). Hydrography and silica budget of the Angola Basin. Neth. J. Sea Res., n°17, pp: 149-200.

253. Van der Zon A.P.M. (1992). Graminées du Cameroun. Flore volume II, Wageningen Agricultural University Papers n° 92-1, 556 p.

254. Van P.J., Stephenson N.L., Byrne J.C., Daniels L.D., Franklin J.F. (2009). Widespread increase of tree mortality rates in the Western United States. *Science*, vol. 323, n° 5913, 2009, pp: 521-524.

255. Vissin E.W. (2007). Impact de la variabilité climatique et de la dynamique des états de surface sur les écoulements du bassin versant béninois du fleuve Niger. Thèse de doctorat, Université de Bourgogne. Dijon, France, 285 p.

256. Walbot V. (1996). Sources and consequences phenotypic and genotypic plasticity in flowering plants. Trends in Plant Science n° 1(1), pp: 27-32.

257. Warren A., Agnew C. (1988). An assessment of desertification and land degradation in arid and semi-arid areas. International institute for Environment and Development, Drylands Programme, Document n°2, 100 p.

258. Wien W. (1894). Temperatur und Entropie der Strahlung. Annalen der Physik, n° 288, pp: 132-165.

259.    Wigley T.M., Briffa K.R., Jones P.D. (1984). On the average value of correlated time series, with applications in dendroclimatology and hydrometeorology. Journal of Climate and Applied Meteorology n° 23, pp: 201–213.

260.    Wilhelmi O.V. (2002). Spatial representation of agroclimatology in a study of agricultural drought. Int. J. Climatol., n°22, pp: 1399-1414.

261.    Wilhite D.A., Glantz M.H. (1985). Understanding the drought phenomenon: the role of definitions, Water Int., 10, pp: 111-120.

262.    Wilhite D.A. (1993). Drought Assessment, Management, and Planning: Theory and Case Studies, Nat. Res. Man., Kluwer Publishers, Boston, 30 p.

263.    Wilhite D.A. (2000). Drought: A Global Assessment, I and II, Nat. Hazards and Disasters Series, Routledge Publishers, London, 45 p.

264.    White, F. (1983). UNESCO, a descriptive memoir to accompany the vegetation map of Africa. Natural Resources Research, Educational, Scientific and Cultural Organization, France, 356 p.

265.    Yevjevich V. (1967). An objective approach to definitions and investigations of continental hydrologic droughts. Hydro, Paper n°23, Colorado State University, 100 p.

266.    Yu Novikov. (1990). Environmental protection. Mir Pubichers. Moscow. 221 p.

267.    Yu Z. (1999). Possible solar forcing of century-scale drought frequency in the northern Great Plains. Geology, n°27, pp: 263-266.

268.    Zabel, Richard, John Williams, Steven Smith, William Muir, Douglas Marsh. (2001). Survival Estimates for the Passage of Spring-Migrating Juvenile Salmonids through Snake and Columbia River Dams and Reservoirs", Project n° 1993-02900, 143 p.

269.    Zhang Y.X., Wilmking M. (2010). Divergent growth responses and increasing temperature limitation of Qinghai spruce growth along an elevation gradient at the northeast Tibet Plateau. Forest Ecology and Management n° 260(6), pp: 1076-1082.

270.    Zheng X., Eltahir E.A.B. (1998). The role of vegetation in the dynarnics of West African rnonsoons. J. Climate, n° 11, pp: 2078-2096.

## Liste des tableaux

## Liste des tableaux (suite)

# Liste des figures

## Liste des figures (suite 1)

## Liste des figures (suite 2)

## Liste des figures (suite 3)

**Liste des figures (suite 4)**

146

 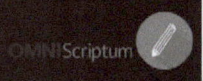

Printed by Books on Demand GmbH, Norderstedt / Germany